梨产业实用技术

◎ 张绍铃　主编

中国农业科学技术出版社

图书在版编目（CIP）数据

梨产业实用技术 / 张绍铃主编 .—北京：中国农业科学技术出版社，2013.12
ISBN 978-7-5116-1455-1

Ⅰ . ①梨… Ⅱ . ①张… Ⅲ . ①梨 – 果树园艺
Ⅳ . ① S661.2

中国版本图书馆 CIP 数据核字（2013）第 278780 号

责任编辑 朱　绯
责任校对 贾晓红

出 版 者 中国农业科学技术出版社
北京市中关村南大街 12 号　邮编：100081
电　　话（010）82106626（编辑室）（010）82109704（发行部）
（010）82109709（读者服务部）
传　　真（010）82106626
网　　址 http://www.castp.cn
经 销 者 各地新华书店
印 刷 者 北京富泰印刷有限责任公司
开　　本 880mm × 1230mm　1 /32
印　　张 12.625
字　　数 305 千字
版　　次 2013 年 12 月第 1 版　2013 年 12 月第 1 次印刷
定　　价 25. 00 元

《梨产业实用技术》
编委会

主编： 张绍铃

编委： (按姓氏笔画排序)

王文辉　王国平　邓家林　乐文全

朱立武　齐开杰　李世强　李秀根

李俊才　吴　俊　张玉星　周应恒

施泽彬　徐阳春　陶书田　谢智华

前　言

《梨产业实用技术》是一本介绍梨树生产中轻简化实用技术的简明手册。本书是国家梨产业技术体系专家们长期开展科研与生产实践的优秀成果的凝练，共收录了一百多篇图文并茂、通俗易懂、操作性强的实用技术讲解文章，主要内容涵盖了品种资源与育苗技术、整形修剪与栽培模式、花果管理、土肥水管理、有害生物及逆境为害的防控、果园机具以及贮藏与加工七个方面，这些技术经生产检验，具有较强的产业针对性和实用价值。

本书的读者对象主要是从事梨树生产的技术人员、果农及相关生产、加工企业，同时也希望广大的基础科研工作者，特别是年轻一代的科研工作者及生产者可从中获益，能够学习到更多的一线生产技术知识，促进梨产业的健康、可持续发展。

由于投稿的格式不尽统一，且受篇幅所限，我们在排版时对稿件部分内容进行了删减和调整。同时，由于文稿涉及面广，篇幅多，编辑工作量大、时间紧，编者自身知识水平有限，在编写实用技术手册中难免存在讹误或不妥之处，敬请作者与读者见谅、指正。

编　者

2013 年 8 月

目　录

第一篇　品种资源与育苗技术

第二篇　整形修剪与栽培模式

第三篇　花果管理

第四篇　土肥水管理

第五篇　有害生物及逆境为害的防控

第六篇　果园机具

第七篇　贮藏与加工

第一篇

品种资源与育苗技术

优质早熟砂梨品种‘翠冠’

一、品种介绍

‘翠冠’系浙江省农业科学院园艺研究所与杭州市果树研究所协作，用‘幸水’×（‘新世纪’×‘杭青’）选育而成。该品种叶片浓绿，长椭圆形，大而厚。果实近圆形，平均果重230克，大果重800克以上，随着栽培技术的不断改进，栽培水平较高的果园平均果重已提高到300克以上，可溶性固形物12%左右，果皮较光滑，底色绿色，雨水多的地区果锈较多，皮色总体似‘新世纪’，果肩部果点稀而果顶部较密且小，萼片脱落。果肉白色，肉质细嫩且脆，果心较小，是砂梨系统中品质极优的品种。杭州地区初花期在3月底至4月初，果实生育期105~115天，7月底成熟。生长势旺，适应性强，花芽较易形成，坐果率高。1999年通过浙江省农作物品种审定委员会认定。目前已在浙江、重庆、四川、江西等省市大面积栽培。

二、栽培技术要点

1. 适度密植，由于花芽较容易形成，长、短果枝结果性能均好，可以获得早期高产，种植上可先行密植，成龄后，根据封行情况，逐渐疏移。

2. 合理配置授粉树，配置‘玉冠’、‘黄花’、‘清香’等作为授粉品种以保证产量。

3. 南方砂梨产区种植时，生长量大，幼龄树宜以拉枝为主的整形修剪方法，可促使树冠的快速形成并获得较高的早期产量。

4. 及时疏果套袋，疏果在大小果分明以后进行，套不同种类的果袋可生产出不同果皮颜色的果品。

三、适宜区域

砂梨栽培适宜区。

四、注意事项

该品种花期与‘黄花’相近，雨水多的地区宜适当增加授粉品种的比例。成熟期早，疏果宜早进行。由于该品种成熟后果锈较多，可通过套两次袋的方法来改善果实外观。

‘翠冠’结果状

充分成熟后果面果锈严重

套内黑果袋可生产出褐皮果实

透光性好的果袋可生产出绿皮果实

（施泽彬　戴美松　王月志　供稿）

优质早熟梨品种‘中梨 1 号’

一、品种介绍

‘中梨 1 号’（又名‘绿宝石’）是中国农业科学院郑州果树研究所于 1982 年通过种间杂交（亲本为‘新世纪’×‘早酥’）培育的可自花结实的优良早熟梨新品种。2005 年通过国家林木品种审定委员会审定。

‘中梨 1 号’果实大型，平均单果重 280 克，最大果重 580 克，近圆或扁圆形，果面较光滑洁净，果点中等，果皮绿色，果梗长 3.8 厘米、粗 0.3 厘米，梗洼、萼洼中等，萼片脱落，少部分残存，外形美观，果心中等偏小，果肉乳白色，肉质细嫩，石细胞少，汁液多，可溶性固形物含量 12%~13.5%，总糖 9.67%，总酸 0.085%，维生素 C 含量 3.85 毫克 /100 克，风味香甜可口，品质上等，货架期 20 天，冷藏条件下可贮藏 2~3 个月。

该品种多数性状倾向于父本‘早酥’，幼树树姿直立、成龄树姿较开张，树冠圆头形，干性强，主干灰褐色，表面光滑，1 年生枝黄褐色，平均长 88 厘米、粗 1.5 厘米，皮孔小、梢部少茸毛，无针刺，节间长 5.3 厘米，叶片长卵圆形、绿色、长 12.5 厘米、宽 6.4 厘米、革质、平展、叶背具绒毛；叶缘锐锯齿，叶柄中长、粗，多斜生，新梢幼叶黄色；叶芽中等大小，长卵圆形，花芽心脏形，每花序花朵数 6~8 个，花冠白色，果实 5~6 心室，种子中等大小，狭圆锥形，棕褐色。

‘中梨 1 号’为普通高大株型，生长势较强，萌芽率高（68%）、成枝力低（1~2 个），结果较早，一般嫁接苗定植后 3 年即可结果。自花结实率为 35%~53%。果实发育期约 110 天，植株生育期 230 天。

‘中梨 1 号’性喜深厚肥沃的沙质壤土，红黄壤及碱性土壤也能正常生长结果，但在潮湿的碱性土壤上果肉有轻微的木栓斑点病（缺 Ca 及 B），抗旱、耐涝、耐瘠薄。与父本‘早酥’相比，对轮纹病、黑斑病、腐烂病均有较强的抵抗能力，在四川成都地区高温多湿条件下，表现出生长旺盛、结果早、品质好、抗性强等优点。由于其成熟早，在正常管理条件下，果实不易受食心虫为害。在前期干旱少雨、采果前一个月多雨的年份，常有裂果现象发生。

二、栽培技术要点

该品种由于生长势强旺，容易形成较大的树冠，而在栽培上应合理密植。建议采用“细长纺锤形”树形，株行距以 1.5 米 ×4 米或 2 米 ×4 米为宜，采用其他树形可适当放宽株行距。

该品种虽能自花结实，但仍需配备一定量的授粉树。配置的比例通常为（6~8）: 1。丰产期应严格控制坐果率。留果标准是每隔 20 厘米留一个果，其余疏除，每亩大约留果 15 000 个，亩产控制在 3 000 千克以内，有利于丰产、稳产、高效益生产。一般花后 25 天应完成疏果工作。

幼树应于每年秋冬季扩穴并施入 50~100 千克 / 株的土杂肥，春夏季进行 3~5 次追肥，以 N 为主，N、P、K 结合，采果后立即施入 0.5 千克 / 株速效 N 肥，以补充因结果而大量耗损的养分。

着重防治近年来广为发生的梨木虱、椿象类害虫。华北地区综合施药每年 8~10 次，长江中下游地区每年施药 10~12 次，各地应以病虫发生为害的频度和程度不同而灵活掌握喷药次数。

‘中梨 1 号’结果状

三、适宜区域

适合多种土壤、气候和生态条件栽培，尤其适于黄淮海地区、西南地区和长江中下游地区发展。

（李秀根　供稿）

优质早熟砂梨新品种‘翠玉’

一、品种介绍

‘翠玉’是以‘西子绿’为母本，‘翠冠’为父本杂交育成的早熟梨新品种，于2011年通过浙江省农作物品种审定委员会品种审定。果实圆形或扁圆形，果皮浅绿色，平均果重256克，最大果重超过580克，未充分成熟果实果肉绿白色，成熟果实果肉白色，肉质细嫩松脆，味甜、多汁，可溶性固形物含量11%，果实生育期100天左右，杭州地区7月中旬成熟，比‘翠冠’早7~10天。树姿开张，花芽形成容易，花期晚，需配置花期较晚的授粉品种。

‘翠玉’果实

二、栽培技术要点

‘翠玉’成熟期早，疏果宜早进行。花期迟，正常年份比‘翠冠’迟3天左右，授粉品种选择晚花型品种为宜。雨水多的地区有少量裂果现象，套袋栽培后基本无裂果。该品种也是理想的设施栽培品种。

三、适宜区域

砂梨栽培适宜区。

（施泽彬　戴美松　供稿）

优质早熟砂梨新品种‘初夏绿’

一、品种介绍

‘初夏绿’是以‘西子绿’为母本，‘翠冠’为父本杂交选育而成的早熟砂梨新品种，于2008年通过浙江省农作物品种审定委员会品种审定。该品种树姿较直立，叶色亮绿，花芽易形成，坐果率高；果实长圆形，平均果重250克以上，果皮浅绿色，果锈少；果肉白色，肉质细嫩，汁液多，果心小，可溶性固形物含量11%；果实生育期105天，杭州地区7月中下旬为最佳采收期，比‘翠冠’早3~5天。

‘初夏绿’结果状
（无袋栽培果实）

‘初夏绿’花芽形成情况

二、栽培技术要点

该品种成熟期早，疏果宜早进行。有采前落果现象，适时采摘极为重要。雨水多的地区有裂果现象，套袋栽培后可显著减轻裂果，对经济产量基本无影响，建议采用套袋栽培或避雨栽培。

（详细说明见《果树学报》No.6,2009）。

三、适宜区域

砂梨栽培适宜区。

（施泽彬　戴美松　供稿）

自花结实梨品种‘早冠’

一、品种介绍

针对梨果生产第一大省——河北省存在的早熟良种匮乏、主栽品种‘鸭梨’、‘雪花梨’黑星病为害严重及大部分栽培品种不能自花结实等问题，制定了培育“早熟、抗黑星病、自花结实新品种”的育种目标。以白梨品种‘鸭梨’为母本，砂梨优系70–1–7（现定名‘青云’）为父本进行种间杂交，通过对实生后代进行鉴定，代号78–3–36优系兼具自花结实、早熟、优质、抗黑星病等特性，2005年8月通过专家鉴定，12月通过河北省林木良种审定，正式命名为‘早冠’。2006年获植物新品种权。其优良特性如下。

1. 自花结实

自花授粉花序坐果率达76.8%、平均每花序坐果1.6个。

2. 成熟早

冀中南地区7月底至8月初成熟。

3. 品质优

果实近圆形，平均单果重230克；果面淡黄色，果皮薄；果肉洁白，肉质细腻酥脆，汁液丰富，风味酸甜适口，可溶性固形物含量12.0%以上；果心小，可食率高；综合品质上等。

4. 抗黑星病

多年田间调查及黑星病菌接种试验表明，对黑星病抗性属高抗类型。

二、栽培技术要点

1. 栽植密度及授粉树

株行距以 3 米 ×（4~5）米为宜；‘早冠’的花期与‘鸭梨’相近，且具花期早（盛花期较‘黄冠’、‘中梨 1 号’等品种提早 2 天左右）、花粉量大等特点，生产中可作为‘黄冠’、‘中梨 1 号’等品种的授粉树。

2. 整形修剪

‘早冠’宜采用疏散分层形或“3+1”形整形，不宜采用开心形（遇 40℃以上天气或雨后高温，幼果和叶片易日灼）或纺锤形（‘早冠’成枝力弱，不易培养永久性结果枝组，幼树产量低）。幼树整形期需做好拉枝造形工作；盛果期树适宜的亩留枝量应为 4 万 ~5 万。

3. 花果管理

‘早冠’自然条件下坐果率高，必须通过疏花疏果来调节负载量。每花序留单果，幼果空间距离以 20~25 厘米为宜。应尽量选留低序位果（1~3 序位），以确保果形端正、品质优良。

果袋选用透光率高的单层白蜡袋、外黄内白双层袋，单果重、可溶性固形物含量等均与不套袋果无显著区别，且果面洁净、果点变浅；生产常用的三层袋会使可溶性固形物含量有所降低，但对外观品质提高效果明显，果面呈晶莹剔透的淡黄色。生产上可根据市场需求选用不同果袋。

4. 肥水管理

以秋施基肥为主，亩施优质有机肥 4 000 千克，并配合适量复合肥于果实采收后施用；生长季节根据不同时期追施适量速效肥，以满足树体和果实生长的需求，花后株施速效 N 肥 1.0 千克，6 月上旬和 7 月上旬追施 1~2 次 P、K 复合肥。水分管理以前期保证、后期控制为原则。

5. 病虫害防治

主要病虫害与‘黄冠’相同，具体防控可参考‘黄冠’部分。

三、适宜区域

‘早冠’为白梨与砂梨的种间杂交后代，具有明显杂种优势，适应性广泛、抗黑星病，多年田间调查未发现黑斑病、炭疽病为害；对土壤要求不严格，平地、沙滩地均可栽植，根据中试及省内外引种试栽的表现，‘早冠’除适宜河北省栽培外，还适于北京、天津、河南、江苏、浙江、云南、山西、陕西、辽宁、甘肃等省市栽培。即白梨、砂梨分布的大部分地区均可栽培，适应性广泛。

‘早冠’果实

四、注意事项

‘早冠’具良好的自花结实性能，在自然授粉条件下坐果率高（平均每花序坐果4.16个），不用进行人工辅助授粉即可达到产量要求，生产上应严格进行疏花疏果。

（王迎涛　供稿）

早熟梨新品种‘早金酥’

一、品种介绍

‘早金酥’是由‘早酥梨’×‘金水酥’杂交选育而成，2009年通过省级备案。具有成熟期早、采摘期长、优质、早产、丰产等特点。果实纺锤形，平均单果重240克，最大果重600克；果面绿黄，套袋后黄白色；果皮薄，果心小；果肉白色，肉质酥脆，汁液多，风味酸甜，石细胞少；可溶性固形物含量10.8%，总糖含量8.343%，可滴定酸含量0.252%，维生素C含量3.372毫克/100克，品质极上。常温下可贮藏20天左右，冷藏可贮至翌年5月。在辽宁熊岳地区，4月上旬萌芽，4月下旬盛花，8月初果实成熟，10月末落叶，树体营养生长期约200天。

二、栽培技术要点

1. 园址选择与种植

选择平地或缓坡地建园。改良纺锤形树形，株距2~3米，行距4米；圆柱形株距1米，行距3~4米。‘早金酥’没有花粉，授粉品种要配两种以上，以‘早酥’、‘金酥水’和‘华酥’等早熟品种为宜，配置比例为8∶1。

2. 整形修剪

改良纺锤形修剪要点为：第一层枝培养方法同开心形，第二层枝选留3个，层间距1米左右，主枝角50~60度；第三层留2个主枝，层间距0.8米左右，主枝角50度左右。前期层间可选留一些辅养枝，以后逐年缩小，最后全部去除。冬剪时对中心干、主、侧枝头短截，疏除背上枝及过密枝，回缩连续缓放3年以上的串花枝。

圆柱形修剪要点：苗木栽植后定干高度40厘米左右，第一芽选在迎风向，发芽后只留顶部一个新梢。第二年春从顶部第三个芽起向下至地面50厘米之间，在芽的上方刻芽，或抹发枝素，促发新梢，中心头破顶芽。当新梢长到20厘米以上时通过支牙签或用绳拉等办法开张角度，新梢与中心干角度达60~70度。冬剪时剪除中心干上过密和过旺分枝，培养单轴结果枝组。树高达3.5米时落头。

3. 花果管理

该品种花量大，坐果率高，花期要疏除一半花序，坐果后按15~20厘米距离留一个果的标准疏果。花后40天果实进行套袋。

4. 肥水管理

6月下旬果实迅速膨大期，施尿素和硫酸钾各1千克左右，早秋每100千克果施有机肥150千克，梨树专用肥5千克。花前、花后、果实膨大期和施肥后，在土壤较干燥时应及时灌水。

5. 病虫害管理

展叶期及时防治梨二叉蚜。

6. 越冬管理

幼树上冻前灌封冻水，树干涂白防日烧。

三、适宜区域

适于辽宁省南部、西部、东部以及河北、山东等省的北方梨主产区栽培。

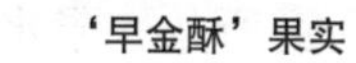

‘早金酥’果实

‘早金酥’结果状

四、注意事项

不适于土壤黏重以及在‘苹果梨’和‘早酥’表现缺钙严重的地块栽培。

（李俊才　供稿）

优质抗病早熟梨品种‘金晶’

一、品种介绍

‘金晶’系湖北省农业科学院果树茶叶研究所从‘丰水’梨实生后代中选育出的梨新品种。1990年8月从‘丰水’梨果实中获得实生种子146粒，经初选、复选、区域试验、生产中试等，确认优系98–3具有优质、抗梨黑斑病、结果早、丰产等特性，2011年通过湖北省林木品种审定委员会审定，正式定名为‘金晶’。该品种果大，平均单果重292克，果实扁圆形，果皮黄褐色，果面光滑，外观美，肉质细嫩、松脆，汁液特多，石细胞极少，果心小。经农业部食品质量监督检验测试中心（武汉）2009—2011年连续3年检测，果实平均可溶性固形含量10.3%，可滴定酸0.095%，可溶性糖4.52%，维生素C1.21毫克/100克。常温下可贮藏10余天，4℃冷藏条件下可贮藏60余天；叶片高抗黑斑病，自然发病病情指数为1.77，人工接种病情指数为5.83。

树势强健，树姿较直立。主干树皮光滑，1年生枝黄褐色，较光滑，皮孔多，枝条上无针刺。叶芽斜生，顶端尖，芽托中等大小。萌动后展开的幼叶淡红色，成熟叶片绿色，叶片卵圆形，基部截形，叶尖长尾尖，叶缘具锐锯齿、无刺芒，叶柄基部无托叶。花朵白色，卵圆形，5花瓣。柱头高于花药，花柱基部无茸毛，花药紫红色，花粉量大，雄蕊22枚。

武汉地区，2月底至3月上旬花芽开始萌动，盛花期3月下旬到4月初。4月下旬第一次生理落果，5月上旬进入第一次果实膨大期，6 月上旬果实第二次膨大生长，7 月底 8 月初果实成熟，11 月下旬落叶。果实生育期 120 天，营养生长期 256 天。早果性好，定植第 2 年开始结果，成年树以短果枝结果为主。自花不实，需合理配置授粉品种，定植第四年平均单株产量 23.2 千克，盛果期平均单株产量 40.9 千克；连续结果能力强，无大小年现象。采前落果轻，落果比例为 3.17%。

二、栽培技术要点

1. 栽植密度及授粉品种

株行距以（2.5~3）米 ×4 米为宜，该品种自交不亲和，必须配置授粉品种，适宜授粉品种有‘金水 2 号’、‘翠冠’和‘圆黄’等。

2. 树形及整形修剪

适宜树形为小冠疏散分层形。基本骨架：第一层离地面 50~60 厘米，东、西、南、北均匀分布 3~4 大主枝，每主枝配 2~3 个亚主枝。第二层与第一层间隔 50~80 厘米，分布 2~3 大主枝，枝的着生方向与第一层枝的方向错位，即每一主枝位于第一层两大主枝之间，每主枝配 1~2 个亚主枝，方向与第一层错位，不能重叠。每一主枝单轴向外延伸，亚主枝的粗度不超过主枝粗度的 1/3。树高控制在 2.5~3 米，过高便落头开心。

3. 树体负载量

通过修剪和疏花疏果来调节树体负载量。按叶果比（25~30）：1 或枝果比（2~3）：1 进行定量。每花序留单果，每隔 20~25 厘米留一个果，疏除背上果、畸形果、病虫果和机械损伤果，选留第 2~4 序位上的果，以确保果形端正、品质优良。

4. 肥水管理

以秋施基肥为主，亩施优质有机肥 3 000~4 000 千克，并配合适量复合肥，于果实采收后施用，株施复合肥 1~1.5 千克；生长季节追施适量速效肥，对于弱树和花量大的树，花后株施速效 N 肥 1 千克，5 月底 6 月初每株追施复合肥（N–P–K：10–10–20）1 千克，促进果实迅速膨大。

5. 病虫害防治

主要病害为轮纹病、锈病、黑斑病等；主要虫害为蚜虫、梨瘿蚊、梨木虱、梨小食心虫、梨网蝽等。梨锈病防治：湖北地区主要发生在 3~4 月，用三唑酮 500 倍液防治，若继续发病，10~15 天后再喷一次，效果很好。

梨黑斑病、梨炭疽病、梨黑星病防治：主要发生在 4~8 月，用 80% 大生 M–45 代森锰锌可湿性粉剂 800 倍液或 10%苯醚甲环唑 3 000 倍液交替防治。

梨蚜虫防治：湖北地区主要发生在 3~5 月，用 20%吡虫啉 2 000 倍液叶面喷施 1~2 次。

梨木虱防治：湖北地区主要发生在 4~8 月，用 20%吡虫啉 2 000 倍液或 1.8% 阿维菌素 3 000 倍液交替防治。结合黄粘虫板等物理防治措施效果更好。

梨瘿蚊防治：湖北地区主要发生在 3~6 月，用 48% 毒死蜱 800 倍液或高效氯氰菊酯 800 倍液和啶虫脒 10 000 倍混合液交替防治。结合黄粘虫板等物理防治措施效果更好。

梨小食心虫防治：湖北地区主要发生在 6~8 月，用来福灵 1 500 倍液或灭扫利 1 500 倍液交替防治。结合性诱芯等物理防治措施效果更好。

梨网蝽防治：湖北地区主要发生：7~8 月，用来福灵 1 500 倍液或灭扫利 1 500 倍液交替防治。

三、适宜区域

‘金晶’树势强健，高抗梨黑斑病，在长江流域栽培具有明显的耐高温多湿的优势。对土壤要求不严格，平地、沙地、丘陵岗地均可栽植。根据区试及引种试栽情况，适宜范围较广，湖南、湖北、四川、福建、云南等地引种试栽均表现良好。

‘金晶’结果状

‘金晶’果实

四、注意事项

幼树整形修剪需做好拉枝整形工作，主枝开张角度较小，直立性强，需拉枝开张角度，拉枝角度以45~60度为宜。生长势旺，成枝力强，幼树修剪一定要轻，结合夏季修剪，延长枝前端要抹芽控制新梢数量，保持单轴向外延伸。

（胡红菊　供稿）

早果丰产抗病梨品种‘玉绿’

一、品种介绍

湖北省农业科学院果树茶叶研究所经杂交选育而成，亲本为‘慈梨’×‘太白’，2009年通过湖北省农作物品种审定委员会审定。

1. 果实经济性状

果实近圆形，平均单果重270.0克，最大单果重433.9克，果形指数0.87；果皮薄，绿色，果面光洁，无果锈，有蜡质；果点浅小而稀。果肉白色，可溶性固形物含量12.9%，总糖含量7.90%，总酸含量0.28%，维生素C含量42.7毫克/千克，果肉硬度7.0千克/平方米。肉质细嫩，石细胞少，汁多，品质上。

2. 物候期

武汉地区叶芽萌动期在3月上中旬，展叶期4月初，春梢停长期5月下旬，落叶期11月中旬。花芽萌动期2月底，盛花期3月下旬，果实成熟期7月底到8月上旬。

3. 生长结果习性

树势中强，树姿半开张，树冠阔圆锥形，萌芽力强，成枝力中等；幼旺树长果枝和腋花芽结果能力较强，进入盛果期后以短果枝和腋花芽结果为主；3年生树，开花株率为81.60%，亩产为211.0千克，4年生树亩（1亩≈667平方米。全书同）产为660.3千克；抗黑星病，较抗黑斑病。

二、栽培技术要点

1. 建园及授粉树配置

丘陵岗地建园应抽槽改土，挖宽深0.8~1.0米的通槽，每米分两层施入30~50千克有机肥及适量过磷酸钙，注意表土回填到槽底；适宜行株距为（4~5）米×（2~3）米；适宜授粉品种为‘翠冠’、‘金水2号’，配置比例为（3~4）∶1。

2. 花果管理

花期可进行果园放蜂或者人工授粉等辅助措施提高坐果率，每花序点授第2~3序位花；疏果与定果相结合，于谢花后10~15天进行，定果后每果台留单果，适宜叶果比（20~25）∶1；宜开展二次套袋栽培。

3. 适宜树形及修剪

宜采用小冠疏层形或开心形，树高控制为2.5米，冠层空间内合理布置主枝；树冠为扁圆形，树冠覆盖率宜为70%~80%；修剪强调冬剪与夏剪相结合，以简单实用为原则，冬季以回缩、甩放、疏枝、短截为主，实行树篱超宽回缩、过弱更新、强枝甩放；需扩充树冠，补空时则行短截；夏剪以拉枝、抹芽、刻伤等措施为主。

4. 肥水管理

基肥适时足量，追肥适时适量。基肥应早施以恢复树势；深施，以送肥入口。9~10月于树冠滴水线处挖宽、深各40~50厘米条沟，每株施入有机肥50~75千克加上过磷酸钙1~1.5千克，逐年向外扩展；追肥分别于谢花后20天（4月下旬）、果实膨大期（5月底6月初）进行，株施复合肥0.25~0.5千克，挖深10~15厘米的条沟或环状沟浅施。

5. 病虫害防治

注重冬季精细清园消毒，铲除越冬病虫源；生长期重点防治梨小食心虫为害。

三、适宜区域

适宜湖北、四川、重庆等省市种植。

四、注意事项

1. 该品种树势中庸，果实膨大期需保证肥水供应，提高果实品质。

2. 该品种坐果率较高，应注重疏果，每果台留单果。

‘玉绿’结果状

（秦仲麒　李先明　涂俊凡　杨夫臣
朱红艳　伍涛　刘先琴　供稿）

中熟抗黑星病梨品种‘黄冠’

一、品种介绍

针对河北省存在的梨早中熟良种匮乏、主栽品种‘鸭梨’、‘雪花梨’黑星病严重等问题，以白梨品种‘雪花梨’为母本，砂梨品种‘新世纪’为父本进行种间杂交，培育中熟、抗黑星病新品种。代号 78-6-102 优系兼具中熟、优质、抗黑星病等特性，1996 年通过鉴定，1997 年通过河北省林木良种审定，正式命名为‘黄冠’。其特性如下。

1. 成熟早

冀中南地区 8 月中旬成熟，比主栽品种‘鸭梨’提早 30 天左右。

2. 品质优

果实椭圆形，平均单果重 278.5 克；果面绿黄色，果点小、光洁无锈，似‘金冠’苹果，外观美；果皮薄，果肉洁白，肉质细、松脆，汁液丰富，风味酸甜适口且带蜜香；果心小，石细胞及残渣少；可溶性固形物含量 11.6%，果实综合品质上等。自然条件下可贮藏 20 天，冷藏条件下可贮至翌年三四月份。

3. 早结果早丰产

一般管理条件下，定植 2~3 年即可结果，5 年生树产量可达 1 786 千克 / 亩，具有良好的丰产性能。

4. 抗黑星病

多年田间调查及黑星病菌接种试验表明，对黑星病的抗性属高抗类型。

二、栽培技术要点

1. 栽植密度及授粉树

株行距以 3 米 ×（4~5）米为宜；‘黄冠’的花期与‘鸭梨’相近，生产中可选用‘鸭梨’、‘中梨 1 号’、‘早冠’等品种作为授粉树。

2. 整形修剪

‘黄冠’宜采用疏散分层形或“3+1”形。由于其直立生长、多呈抱头状，幼树整形期需做好拉枝造形工作；盛果期树亩留枝量应为 4 万 ~5 万；为提高早期产量，宜采用“多留长放”，除对中心领导干及主枝延长枝进行必要的短截外，其余枝条宜尽量保留、长放促花。

3. 花果管理

‘黄冠’自然条件下坐果率较高，必须通过疏花疏果来调节负载量；每花序留单果，幼果空间距离以 25~30 厘米为宜；选留低序位果（1~3 序位），以确保果形端正、品质优良。

果袋选用透光率高、透气性好的单层白蜡袋、外黄内白双层袋，生产常用的三层袋会使可溶性固形物含量有所降低，但对外观品质提高效果明显，果面呈晶莹剔透的淡黄色。生产上可根据市场需求选用不同果袋，规格以不小于 16 厘米 ×18 厘米为宜。

4. 肥水管理

‘黄冠’树势健壮，丰产性强，生产中应加强肥水供应。施肥以基肥为主，亩施优质有机肥 4 000 千克，配合适量复合肥于果实采收后施用；生长季节追施速效肥以满足树体和果实生长需求，花后株施速效 N 肥 0.3 千克，6 月上旬和 7 月上旬追施 1~2 次 P、K 复合肥。水分管理以前期保证、后期控制为原则，低洼园片需作好雨季排涝工作。

5. 病虫害防治

主要病害为轮纹病，主要害虫有梨小食心虫、梨木虱、黄粉虫、康氏粉蚧等。生产中应首先抓好休眠期的清园、刮树皮、翻树盘等农业防治，萌芽前喷 3~5 波美度石硫合剂，对杀灭越冬虫卵非常重要。落花后及时喷 1.8% 阿维菌素乳油 4 000~6 000 倍防治梨木虱。套袋前细致周到地喷一遍杀虫杀菌剂。幼果期不宜使用代森锰锌、含硫磺的混剂、含福美砷系列的混剂。对食心虫类宜用糖醋液或黑光灯、性外激素进行预报并诱杀。生长季节交替喷施 1.8% 阿维菌素乳油 4 000~6 000 倍、10% 吡虫啉可湿性粉 3 000~4 000 倍、10% 氯氰菊酯乳油 2 000 倍防治梨木虱、黄粉虫、康氏粉蚧、梨小食心虫等；防治轮纹病可交替使用 80% 大生可湿性粉剂 600~800 倍、12.5% 烯唑醇可湿性粉

‘黄冠’果实（套袋）

剂 2 500~3 000 倍、70% 甲基拖布津可湿性粉剂 800~1 000 倍。

三、适宜区域

‘黄冠’抗黑星病，多年田间调查未发现黑斑病、炭疽病为害；对土壤要求不严格，平地、沙滩地均可栽植，适宜北京、天津、河北、河南、江苏、浙江、云南、山西、陕西、辽宁、甘肃等省市栽培。白梨、砂梨分布的大部分地区均可栽培，适应性广泛。

四、注意事项

重视有机肥施用，注意平衡施肥；果实发育后期严格控制速效氮肥的施用量；尽量选用透气性、透光性较好的果袋。

（王迎涛　供稿）

优质中熟着色梨品种‘玉露香’

一、品种介绍

‘玉露香’梨由山西省农业科学院果树研究所以‘库尔勒香梨’为母本，‘雪花梨’为父本杂交选育而成。2003年通过山西省农作物品种审定委员会四届三次会议认定。平均单果重236.8克，果实近球形，果形指数0.95。果面光洁细腻具蜡质，保水性强。阳面着红晕或暗红色纵向条纹，果皮采收时黄绿色，贮后呈黄色，色泽更鲜艳。果皮薄，果心小；可食率高（90%）。果肉白色，酥脆，无渣，石细胞极少，汁液特多，味甜具清香，口感极佳；可溶性固形物含量12.5%~14%，总糖含量8.70%~9.80%，酸含量0.08%~0.17%，糖酸比（68.22~95.31）：1，品质极上。果实耐贮藏，在自然土窑洞内可贮4~6个月，恒温冷库可贮藏6~8个月。

树体适应性强，对土壤要求不严，抗腐烂病能力强于‘酥梨’、‘鸭梨’和‘库尔勒香梨’，抗褐斑病能力与‘酥梨’、‘雪花梨’等相同，强于‘鸭梨’；抗白粉病能力强于‘酥梨’、‘雪花梨’；抗黑心病能力中等。主要虫害有梨木虱、食心虫。

‘玉露香’梨继承了‘库尔勒香梨’的肉质细嫩、口味香甜、无渣，果面着红色等优良品质，又克服了其果小、心大、可食率低，果形不正的缺点，是一个优质、耐藏、中熟的‘库尔勒香梨’大型果新品种。

二、栽培技术要点

1. 育苗

以杜梨为砧木繁育苗木。

2. 建园

‘玉露香’梨为乔化品种，适宜中密度栽培，采用小冠疏层形或自由纺锤形，株行距为（2~3）米 ×（4~5）米。该品种自花不结实，花粉量极少，应配置2个品种的授粉树，授粉树的比例为（4~6）∶1，‘黄冠’、‘红香酥’、‘绿宝石’、‘雪花梨’、‘鸭梨’等均可作为该品种的授粉品种。

3. 土、肥、水管理

（1）梨园生草管理，提高土壤有机质含量。

（2）施肥以基肥为主，追肥为辅；基肥以有机肥为主，配合适量复合肥，幼树每亩施农家肥2 000~3 000千克，投产树每亩施农家肥5 000~6 000千克，配合施入50~80千克的N、P、K复合肥。

（3）全年应保证越冬、萌芽、果实膨大等时期对水分的需求。在自然降水不足的情况下，实施梨园灌溉。该品种幼树期树势较旺，幼果发育期应适当控水，缓和树势，有利于改善果实外观品质。

4. 整形修剪

‘玉露香’幼树生长势强，萌芽率高，成枝力偏弱，枝势较直立，易光秃，应采用刻芽、拉枝开张角度，少短截，疏、甩结合，培养单轴延伸主枝。

该品种树势过旺时有僵芽现象。因此，幼树期除采用上述整形修剪方法外，还应适当控水，缓和树势，平稳过渡到盛果期。

结果树要及时去除内膛郁闭枝，保证树体通风透光，避免结果部位外移。结果后的衰弱枝要及时回缩更新，培养新的结果枝组。

5. 花果管理

疏花疏果，亩留果 1 万 ~1.2 万。套透明膜袋栽培。着色初期（采收前 4 周）摘去紧贴果面、影响着色的叶片；阳光照射强烈的部位，切忌过度摘叶，以免日烧。

6. 病虫害防治

萌芽前喷 5 波美度石硫合剂可防治腐烂病、干腐病、红蜘蛛、介壳虫等；落花 80% 后喷 1.8% 阿维菌素 4 000 倍液防治梨木虱；防治梨小食心虫可采用性诱剂、黑光灯诱捕，同时，根据虫情动态，酌情进行化学防治；秋季彻底清除园内杂草，防止大青叶蝉上树产卵；幼树越冬保护可采用缠膜的方法；腐烂病的防治主要是疏果控产、合理施肥、增强树势，发现病疤及时刮治；冬季寒冷的北方梨园，冬前树干涂白保护，减轻冻害，是防治腐烂病的有效方法之一。

此外，行间种油菜、小麦等农作物或生草，可有效防止金龟子等食叶害虫为害幼树。

7. 采收

采收期掌握在初熟到中熟期，晋中地区通常在 9 月上旬。果实不摘袋采收。‘玉露香’梨果皮薄，果肉细嫩，采摘时要格外小心。要求操作者剪指甲、戴手套。采果时轻拿轻放，严禁拉拽，杜绝机械伤。采收后分级，套发泡网套，装入抗压塑料箱或纸箱中入库贮藏或精包装出售。

8. 贮藏

贮藏时果箱码放成垛，垛间距 15~20 厘米。土窑洞贮藏时，秋季可采用夜间通风的方法降低窖温；冬季气温过低时，关闭通风口，保温防冻，控制窖温在 0~1℃，贮藏期可达 4~5 个月；

冷库贮藏时，0~1℃保持恒定，贮藏期 270 天。

‘玉露香’果实

三、适宜区域

适于华北、西北等白梨适栽区栽培。

（郭黄萍　李夏鸣　郝国伟　张晓伟　杨盛　供稿）

优质中晚熟梨品种‘冀玉’

一、品种介绍

我国相继育成‘中梨1号’、‘翠冠’、‘黄冠’等早、中熟梨新品种，丰富了我国梨品种资源、优化了品种结构。但晚熟品种仍以‘鸭梨’、‘雪花梨’、‘砀山酥梨’为主，‘黄金’、‘爱宕’等日韩晚熟品种于我国栽培存在对肥水条件要求高、树势易衰弱、锈斑严重等问题，栽培面积不大，生产中仍缺乏综合性状优良的中晚熟及晚熟品种。河北省农林科学院石家庄果树研究所以白梨品种‘雪花梨’为母本，砂梨品种‘翠云’（‘八云’×‘杭青’）为父本进行杂交，培养的优系78–7–61具有品质优良、抗黑星病、结果早、丰产等特性，2009年通过河北省林木品种审定委员会审定，正式定名为‘冀玉’。该品种8月下旬至9月初成熟，果实椭圆形，果面绿黄色，果点小，肉质细腻、松脆，汁液丰富，风味酸甜适口，有香气，果心小，可溶性固形物含量＞12.0%；常温下可贮藏20余天，对黑星病有较高抗性。

二、栽培技术要点

1. 栽植密度及授粉树

株行距以3米×（4~5）米为宜，该品种自交不亲和，必须配置授粉树，具体可选择花期相近的‘鸭梨’、‘早冠’等品种作为授粉品种。

2. 整形修剪

树形宜采用“3+1”形、疏散分层形，“高改”树可采用开心形。幼树整形期需做好拉枝造形工作，主枝开张角度不宜过大——以 60~70 度为宜。该品种枝条多弯曲生长，结果后枝组易下垂，故宜选用斜背上枝培养侧枝或永久性结果枝组。同时，为保证连年稳产、优质，需对结果枝组进行必要的回缩更新。盛果期树适宜的亩留枝量应在 5 万 ~6 万。

3. 树体负载量

每花序留单果，幼果空间距离以 25 厘米左右为宜。应尽量选留低序位果（第 2~4 序位），以确保果形端正、品质优良。

4. 适宜果袋类型

套单层白蜡袋或外黄内白双层袋生产的果实颜色绿黄、果面光洁、可溶性固形物含量与不套袋果实无明显差异，且外观品质明显改善；目前生产上常用的外黄内黑双层袋或内加衬纸的三层袋、单层黑纸袋的果实光洁度不佳、可溶性固形物含量低，不宜使用。

5. 肥水管理

以秋施基肥为主，亩施优质有机肥 4 000 千克，并配合适量复合肥于果实采收后施用；生长季节追施适量速效肥以满足树体和果实生长的需求，花后株施速效 N 肥 1.0 千克，6 月上旬和 7 月上旬追施 1~2 次 P、K 复合肥。

6. 病虫害防治

主要病害为轮纹病，主要害虫有梨小食心虫、梨木虱、黄粉蚜、康氏粉蚧等。该品种萼片残存，应加强黄粉蚜、康氏粉蚧的防治，套袋前喷药要均匀、细致，以防害虫在萼洼部取食为害。

三、适宜区域

‘冀玉’为白梨与砂梨的种间杂交后代，具有明显杂种优势，适应性广泛。多年田间调查未发现黑斑病、炭疽病为害；对土壤要求不严格，平地、沙滩地均可栽植，耐高温多湿，干旱条件下亦无裂果发生。适宜范围较广，河北、北京、天津、河南、江苏、浙江、云南、山西、陕西等省市规模栽培或引种试栽均表现良好。

四、注意事项

幼树整形期需做好拉枝造形，主枝开张角度不宜过大，以60~70度为宜。该品种枝条多弯曲生长，结果后枝组易下垂，需对结果枝组进行必要的回缩更新。

因该品种萼片残存，在套袋前应注意萼部用药细致、均匀，以免黄粉蚜、康氏粉蚧等害虫入袋在萼部取食为害。

‘冀玉’果实（未套袋）

（王迎涛　供稿）

晚熟红皮梨品种‘红香酥’

一、品种介绍

‘红香酥’梨是中国农业科学院郑州果树研究所于1980年用‘库尔勒香梨’×‘鹅梨’杂交培育而成，2002年通过全国农作物品种审定委员会审定。

平均单果重为220克，最大单果重可达489克。果实纺锤形或长卵圆形，果形指数1.27，部分果实萼端稍突起。果面洁净、光滑，果点中等较密，果皮绿黄色，向阳面2/3果面鲜红色。果肉白色，肉质致密细脆，石细胞较少，汁多，味香甜，可溶性固形物含量13.5%，品质上等。郑州地区果实9月上中旬成熟，较耐贮运，冷藏条件下可贮藏至翌年3~4月。采后贮藏20天左右，果实外观更加艳丽。

‘红香酥’树冠中大，圆头形，较开张；树势中庸，萌芽力强，成枝力中等，嫩枝黄褐色，老枝棕褐色，皮孔较大而突出。以短果枝结果为主；早果性极强，定植后2年即可结果。丰产稳产，6年生树株产可达50千克；采前落果不明显。高抗黑星病。

二、栽培技术要点

1. 认真做好建园工作，一般株行距为1.5米×3.5米。栽植前应挖好80厘米宽、80厘米深的定植沟，施足底肥，配好授粉树 。

2. 加强果园管理，确保树势生长健壮。

3. 为实现早结果，幼树立足于轻剪长放，为避免抱心生长，可于每年的 8~9 月采用拉枝、压枝等措施，促使其早结果，早丰产。

4. 花后 25 天人工去萼片，可克服因萼片宿存引起的果实萼端突起的现象。

5. 盛果期严格控制负载量，疏花疏果，将亩产控制在 2 000~2 500 千克，以确保优质高效。

6. 为了充分表现红色这一特性，在果实发育后期，高温干旱时果园灌水和喷水降温，可有效促进着色；在果实采收后，先存放在 22~25℃、相对湿度 80%~90% 的环境中，25 天后色泽更加鲜红、外观更加漂亮。此后再降温至 0℃保存。

‘红香酥’果实

三、适宜区域

‘红香酥’的适应性较强，凡能种植‘砀山酥梨’或‘库尔勒香梨’的地方均可栽培。根据品种区域试验的结果，以我国西北黄土高原地区、川西、华北地区及渤海湾地区为最佳种植区。

（李秀根　供稿）

晚熟抗寒红皮梨品种‘寒红’

一、品种介绍

‘寒红’是由‘南果梨’×‘晋酥梨’杂交选育而成，2002年通过省级鉴定。具有抗寒、抗病、质优、红皮、丰产、晚熟、耐贮等特点。树冠呈圆锥形，半开张，树体强健，干性强，生长势旺。果实圆形，平均果重170~200克，最大果重450克。成熟时果皮底色鲜黄，阳面覆红色，鲜艳美丽。果肉白色，肉质细、酥脆、多汁，石细胞少，果心中小；酸甜适口，具有秋子梨香气，可溶性固形物含量14%~16%，品质上等。普通窖内可贮150天，贮藏后品质更佳。

在吉林省中部地区，4月中下旬花芽膨大，5月上中旬盛花，7月中下旬新梢停止生长，9月下旬果实成熟，10月中下旬落叶。

二、栽培技术要点

1. 园址选择

选择向阳的坡地或山地建园为宜。株行距3米×4米或4米×5米，授粉品种可选‘苹香梨’、‘金香水’等，配置比例为3∶1或5∶1。

2. 整形修剪

采用小冠疏散分层形。幼树生长旺盛，可采用拉枝措施开张角度、缓和树势，促使早期丰产。盛果期修剪主要调整好生长与结果的关系，及时回缩老化或过长的结果枝组，疏除过密枝，适度短截1年生枝和缓放壮枝，保持合理的枝类比例，确保树势中庸健壮，连年丰产。

3. 花果管理

该品种花序坐果率高，生产上必须疏花、疏果。果实发育后期（9 月初左右），可适当摘除阳面遮挡果实的叶片，使果实充分着色，提高果实外观品质。

4. 肥水管理

盛果期后应连年增施有机肥，施肥量为产量的 2~3 倍，早秋施入。

5. 病虫害管理

注意防治桃小食心虫。果实发育后期加强黑星病的防治。

6. 越冬管理

幼树上冻前灌封冻水，树干涂白防日烧及埋土防寒。

三、适宜区域

可在年均温≥ 4.5℃，无霜期 ≥ 130 天，≥ 10℃有效积温 2 800℃以上的北方寒冷地区栽植。

四、注意事项

果实着色受光照、树体营养状态影响，应加强肥水管理，采用小冠树形。注意通风透光和控制产量。

'寒红'果实

（张茂君　供稿）

晚熟抗寒软肉梨品种‘寒香’

一、品种介绍

‘寒香’由‘延边大香水’×‘苹香梨’杂交选育而成，2001年通过省级鉴定。具有抗寒、抗黑星病、质优、丰产、软肉、香气浓等特点。树冠呈阔圆锥形，幼树抱合，干性弱，枝条萌芽率高，成枝力强。果实圆形。平均果重150~170克，最大果重245克。果皮薄，始熟黄绿色，贮后鲜黄。果肉白色，始熟时肉质硬，常温贮7天后，果肉变软、细腻、多汁，石细胞少，果心中小；酸甜味浓，有秋子梨香气。可溶性固形物含量15%~17%，口感极佳，品质上等。采后即可食用，普通菜窖内能贮20天。

在吉林省中部地区，4月中下旬花芽膨大，5月中旬盛花，7月中下旬新梢停止生长，9月下旬果实成熟，10月中下旬落叶。

二、栽培技术要点

1. 园址选择

以向阳的山坡地建园为宜。株行距4米×5米，授粉品种‘苹香梨’、‘苹果梨’等，配置比例为3∶1或5∶1。

2. 整形修剪

采用疏散分层形。幼树生长旺盛，应注意骨干枝开张角度，采用主干环割缓和生长势促使早期丰产。盛果期修剪主要调整好生长与结果的关系，及时回缩老化或过长的结果枝组，疏除过密和过弱枝，缓放壮枝，确保树势中庸健壮，连年丰产。

3. 花果管理

注意疏花、疏果，保证每花序不超过 3 个果。

4. 肥水管理

盛果期后应注意增施有机肥，施肥量为产量的 2~3 倍，早秋施入。

5. 病虫害管理

注意防治桃小食心虫和叶片褐斑病。

6. 越冬管理

幼树上冻前灌封冻水，树干涂白防日烧及埋土防寒。

三、适宜区域

可在年平均气温≥ 4.5℃，无霜期≥ 130 天，≥ 10℃有效积温 2 800℃以上的北方寒冷地区栽植。

四、注意事项

枝条生长量大，幼树修剪应以轻剪缓放为主。叶片易感褐斑病，应注意防治。

‘寒香’果实

‘寒香’结果状

（张茂君　供稿）

用氯化羟胺快速解除梨种子休眠的方法

一、针对的产业问题

梨的砧木及杂交后代的种子因受到种皮障碍和抑制物质、种胚休眠以及种胚后熟等原因的影响，需要采用打破休眠的方法进行处理才可正常萌发。在常规育种及栽培实践中，采集种子后必须经低温层积处理，翌年春季播种，不仅费工费时，而且种子在沙藏期间常发生霉烂或因低温层积处理的时间长短把握不好，而影响种子正常解除休眠，播种后种子不能发芽或发芽率低，造成生产季节贻误和经济损失。

二、技术要点

使用氯化羟胺浸泡杜梨种子，不需层积处理就能萌发，第3天开始露白，一周萌发完，发芽率达到80%，且幼苗健壮。该方法简单方便，省工省时，是一种最简便、快捷的发芽方法，可在梨的苗木培育和杂种后代培养中推广和应用。具体步骤如下。

1. 种子的采集

将成熟果实的果皮剥离，搓洗剔除果肉，留下含有内果皮的种子，用水选法除去浮在水面的劣种，挑选饱满、无破损的种子，然后用20% NaCl浸泡处理种子以去除种皮上黏附的果肉，取出后用毛笔轻轻刷去种皮表面的杂质（但不能损坏种子发育中自然形成的表面结构），将种子摊平放置室内自然干燥。

2. 种子吸水

将晾干的干燥种子放入水中浸泡，浸种 1 小时，使种子充分吸水达到饱和。

3. 试剂处理

将杜梨种子用 0.1% 升汞溶液浸泡 8 分钟消毒，用清水冲洗 5~6 次后，将种子分别置于 0.8% 氯化羟胺溶液中浸种 24 小时，而后用清水将种子冲洗 5~6 次，播种于土壤或基质中。

4. 播种及播后管理

将种子按照预定的株行距进行撒播或者盆钵，出苗前不浇水，如土壤干旱用宽行开沟浸水或在播种沟上喷水，出苗显行后进行中耕除草，缺苗处及时补栽并立即浇水。

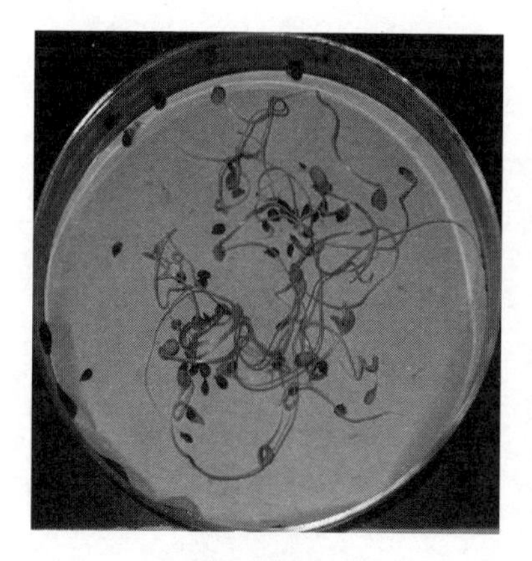

层积处理的种子

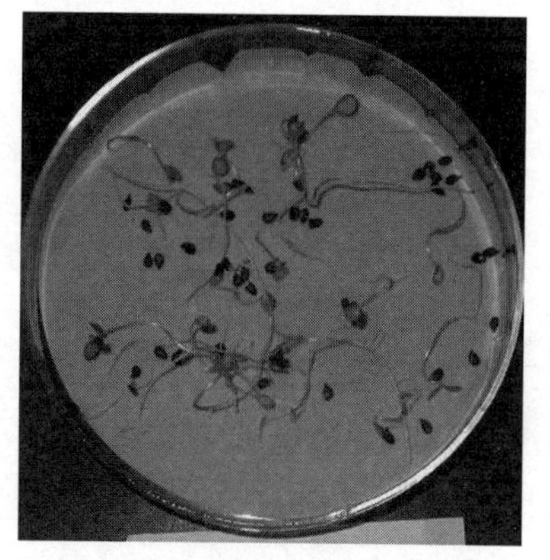

氯化羟胺处理的种子

三、适宜区域

全国各梨产区均可使用。

四、注意事项

梨种子用升汞溶液浸泡消毒和氯化羟胺溶液浸种后，均需用清水将种子冲洗多次，避免对种子造成破坏。

（吴俊　张绍铃　供稿）

早熟梨容器苗繁育技术

一、针对的产业问题

果树露地育苗，移栽时通常带走大量泥土，致使苗圃地土层1年比1年薄，移栽时对根系也造成一定损伤。容器育苗，也称轻基质育苗，有效减少了农田表土的流失，保持了土壤的肥力。不仅如此，容器苗占地面积较小，单位土地面积产出率大大提高，还可利用幼年梨园行间，由于并不定植在行间土中，不影响梨树根系生长。适合与无病毒苗木繁育体系相配套。

二、技术要点

1. 育苗场地选择

交通方便、水源充足、地势平坦、通风和光照良好、远离检疫性病虫害地区、无环境污染。

2. 育苗设施

（1）温室：主要用于砧木繁育，在温室中繁育砧木，可延长砧木生长时间，促进砧木繁育进程，缩短育苗周期。

温室温度、湿度、土壤条件可人为调控，每个育苗点温室面积≥800平方米，用于砧木苗培育，进出温室的门口设置消毒池、缓冲间。

（2）网室：在将来推广梨树无病毒苗木繁育时，为保证采种母本树的无病毒化，修建网室，用于采穗树的保存和繁殖。进出网室的门口设置消毒池、缓冲间。

（3）育苗容器：育苗容器有播种器、播种苗床和育苗桶3

种。播种器、播种苗床用于砧木苗培育，育苗桶用于嫁接苗培育。播种器由高密度低压聚乙烯注塑而成，长 67 厘米，宽 36 厘米，设 96 个种植穴，穴深 17 厘米。每个播种器可播 96 株苗，装营养土 8~10 千克。耐重压，寿命 5~8 年。

播种苗床可用水泥板、塑料或木板等制成深 20 厘米、宽 100~150 厘米、下部有排水孔的结构，苗床与地面隔离。

育苗桶由线性聚乙烯吹塑而成，根据梨苗的质量标准要求，塑料育苗桶高≥ 38 厘米，桶口宽≥ 12 厘米，底面宽≥ 10 厘米，底部设 2 个排水孔，能承受 3~5 千克压力，使用寿命 3~4 年。

3. 容器育苗技术

（1）营养土的配制：营养土由粉碎草炭或泥炭、沙、蛭石、珍珠岩、腐熟锯木屑或橘渣等材料按一定比例混合配制，经高温蒸气消毒或其他消毒法消毒后制成，土壤 pH 值调至 5.5~7.0。N、P、K 等营养元素根据需要按适当比例加入。

（2）营养土消毒：将配制好的营养土用蒸汽消毒。消毒时间每次大约 35 分钟，升温到 100℃及以上保持 25 分钟。然后将消毒过的营养土堆在堆料房中，待冷却后即可装入育苗容器。也可用甲醛溶液熏蒸消毒土壤；或将营养土堆成厚度不超过 30 厘米的条带状，用无色塑料薄膜覆盖，在夏秋高温强日照季节置于阳光下暴晒 30 天以上。

（3）砧木：砧木种子饱满，颗粒均匀。引进及购买的砧木种子须经植物检疫部门检疫并出具植物检疫证书。

重庆梨树的砧木一般选用杜梨、川梨和砂梨。砧木适应性很强、根系发达，表现抗旱、抗涝、耐瘠薄，与多数梨品种的接穗亲和力强。

（4）种子消毒：播种时先用 50% 多菌灵可湿性粉剂 800 倍液浸种 12~15 小时杀灭病菌。

（5）播种方法：播前把温室和工具等用 3% 来苏尔或 1% 漂白粉消毒一次。在育苗床中播种，把种子有胚芽的一端置育苗器营养土下，播后覆盖约 0.5 厘米厚营养土，一次性灌足水。

也可播后用 70% 敌克松营养土均匀混合盖种，其湿度以手握成团，放开手后散开为宜，以盖严种子为度（约盖 0.5 厘米厚左右），对防治梨苗猝倒病、立枯病的发生有较好的效果。

种子萌芽后每 1~2 周施 0.1%~0.2% 复合肥溶液一次，注意对立枯病等病害的防治，及时剃除病弱苗。

（6）砧木苗移栽与管理：当播种小苗有 4~5 片真叶时进行移栽。起苗前灌足水，以利起苗时不伤根。淘汰根颈或主根弯曲苗、弱小苗和变异苗等不正常苗。剪掉砧木下部弯曲根和过长根（超过育苗桶部分），将育苗桶装入 1/3 营养土后，将砧木苗放入育苗桶中，用一只手把握根茎，让主根直立，另一只手边装土边摇桶，压实根土，灌足定根水，第二天施 0.15% 复合肥，随后每隔 10~15 天施一次 0.15% 的复合肥。

注意温室的温度控制，当中午温度达到 28℃时，应及时通气降温，以免高温烧苗。为防止苗床干旱，一般每隔一天喷一次水。

（7）接穗与嫁接方法

①接穗来源：接穗品种须来源明确、树体健康、品种特性稳定、结果性状良好。无病毒苗木嫁接用接穗须来自无病毒网室或经市级抽查鉴定认可的室外母株。

②嫁接方法：重庆地区采用“丁”字形芽接和嵌芽接。

（8）嫁接后管理：包括除萌、肥水管理以及防治病虫害，其他管理可参照露地育苗。

4. 苗场疫情防控

严格控制人员进出温、网室和育苗场。在进出苗场、温室、网室门口设置相应的消毒设施，对每次进入的人员及车辆进行严格消毒。所有进出苗场的繁殖材料均须经过植物检疫。

5. 苗木出圃

苗木生长达到国家规定指标时即可出圃。出圃苗同时满足：嫁接口愈合正常，已解除绑缚物，砧木残桩不外露；主干直，根系完整，根颈不扭曲，须根发达。苗木出圃时要清理并核对品种 / 砧木标签。

容器育苗直接带容器运输，苗木不需要特殊包装，栽植时轻拍塑料桶，带营养土取出苗木定植，其他管理与苗木质量标准参见露地育苗。

三、适宜区域

适宜梨产区。

四、注意事项

育苗设施建设规范化，注意容器选择与基质配方适宜苗木的生长要求。

容器育苗

（曾明　金富鹏　供稿）

一种实生苗
顶芽本砧嫁接缩短童程的方法

一、针对的产业问题

在梨新品种选育工作中，常规杂交育种仍是目前采用的最为主要的方法之一，即建立一定数量的杂交群体从中筛选优良株系。由于土地面积的限制，一般杂交实生树的栽植密度大，童程高，同时也会导致开花结果部位距地面高，给田间管理和优株评价筛选工作造成极大的不便。因此，提出有效缩短童程、促进幼苗结果的技术方法对于提高育种效率具有重要的意义。

二、技术要点

1. 接穗准备

春季萌芽前，将 2 年生株高约 150~200 厘米的实生苗自顶部向下 20~30 厘米处剪下，从中选取 1 个饱满芽用作接穗。

2. 砧木准备

将步骤 1 中去除了顶部的实生苗自地表 10~15 厘米较直立的地方，用修枝剪水平剪断，基部留作砧木。

3. 嫁接

将步骤 1 中获得的接穗采用劈接方法嫁接到步骤 2 中砧木，并注意抹去砧木萌蘖。

4. 包扎

将所有剪口与切口用塑料薄膜包扎紧密，防止水分散失。

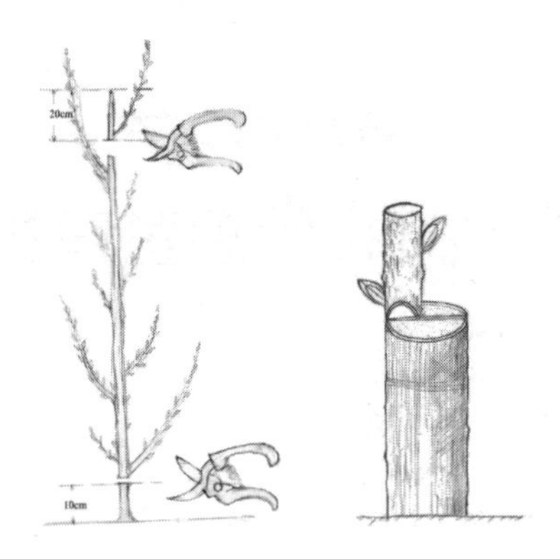

操作示意图

效果示意图

三、适宜区域

全国各地梨产区。

四、注意事项

1. 顶芽本砧嫁接方法对嫁接技术要求较高，以保证成活率。

2. 嫁接后应当注意肥水管理，促进嫁接苗快速生长。

（张绍铃　吴俊　齐开杰　供稿）

快速高效的“双刃刀”芽接技术

一、针对的产业问题

目前，我国梨树芽接育苗的具体方法较多，常用的有“T形芽接”、“方块形芽接”、“嵌芽接”和“套芽接”等。按照上述常规方法芽接，一个熟练工人一天只能嫁接800株苗木；而采用“双刃刀芽接法”，快速、高效，一个普通嫁接工每天（8小时）可接2 000株以上，工作效率提高了150%。

二、技术要点

1. 芽接刀具

使用双刃刀是这种嫁接方法的关键。这种嫁接刀将两片相同形状的不锈钢刀片固定在木质手柄上，刀片之间距离为1.5~2.0厘米。

2. 砧木与接穗

砧木利用当年春季播种培育的杜梨、山梨或豆梨实生苗，接穗为所繁育品种的当年生充实、健壮的新梢。

3. 嫁接时间

于夏秋季节、砧木与接穗皮层容易剥离时期进行，一般在8月下旬至9月下旬。

4. 砧木剥皮和刻取芽片

捋去砧木苗基部10厘米处叶片，横切一刀并自一边挑开皮层；再于接穗的芽上横刻一刀，切开一边后用手指一推取下接芽。由于采用的是双刃刀，使原本需要4刀才能完成的过程变为刻两刀即可，大大提高了嫁接速度，普通嫁接工每天（8小时）

可接 2 000 株以上。

5. 贴芽与绑缚

迅速取下接芽贴入砧木切口，以塑料薄膜自下而上绑缚。由于双刃刀的刀刃之间距离固定，使得砧木切口大小与接芽的长度完全一致，保证了砧木与接芽形成层的紧密结合，成活率可达 100%。

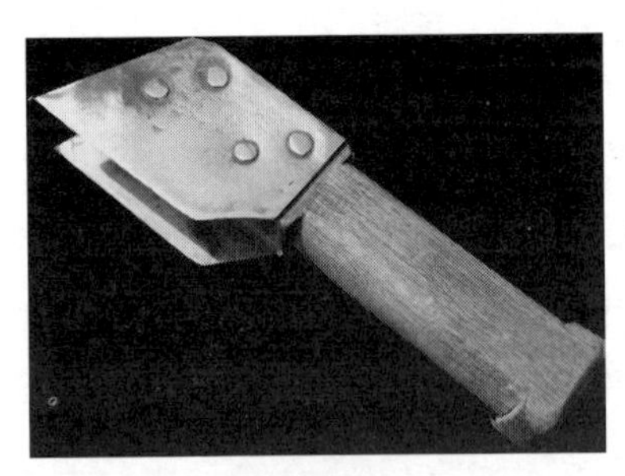

①双刃嫁接刀

②当年生砧木实生苗

③繁育品种接穗

④横切砧木挑开皮层

⑤一刀刻取接芽

⑥剥去砧木皮层贴入接芽

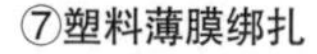

⑦塑料薄膜绑扎

⑧第二年夏季苗木生长状

三、适宜区域

全国各地。

四、注意事项

1. 砧木选择

华北地区可利用当年春季播种杜梨，东北地区适宜采用山梨，沿江及江南地区应选择豆梨实生苗。

2. 剪砧时间

在冬季干旱、寒冷的西北地区，采取保芽过冬，第二年萌芽前剪砧，两年出圃苗高度可达 200 厘米左右、胸径 1.0 厘米以上。

在温暖多湿、生长季节较长的南方地区，嫁接 7~10 天后可以剪去砧木，接穗当年可以抽生 30 厘米左右的枝条，当年即可出圃。

（朱立武　供稿）

梨树单芽切腹接技术

一、针对的产业问题

随着生产的发展、科学的进步和市场的需求，梨新品种不断出现，老品种逐渐被替代。梨树新发展地区可以直接栽植新品种。为了迅速更换新品种，老梨园采用多头高接的换种技术，是实现梨树栽培良种化的有效途径，省工高效，这在老梨区已得到广泛的应用。其中，单芽切腹接技术操作简单、节省接穗、成活率高，是一项值得推广的实用技术。

二、技术要点

单芽切腹接技术操作简单、节省接穗、成活率高，是一项值得推广的实用技术，其操作如下。

1. 嫁接前的准备

落叶后采集 1 年生健壮枝条，高接前浸水 1~2 天。同时冬剪时去除多余的细弱枝，仅留需高接的枝。

2. 嫁接方法

在山东 2 月中旬至 4 月中旬进行高接，一般 3 年生以下树每株高接 4~8 个头，7~10 年生树每株高接 30~40 个头，11 年生以上的大树每株高接 50 个头以上。高接时，先剪接穗，从距接芽下 0.3~0.5 厘米处将接芽削成楔形，有芽一侧略厚，留 1 个接芽在芽上方 0.5 厘米处剪平。高接枝 5 厘米左右剪平，在距截面 3~4 毫米处斜向下剪一剪口，长度比接穗的长削面略长。再剪抽出前，将接穗插入，注意接穗的形成层与高接枝的形成层对齐。

接穗插好后要立即包扎，最好使用0.06毫米厚的地膜，先用薄膜绕接口2~3周，固定接芽，防止接芽松动，然后将薄膜顺接穗上绕，把接穗上剪口裹严，接芽露在薄膜外，再将薄膜顺接穗下绕至接口，绕扎于接口上。树干及骨干枝缺枝部位可采取皮下腹接的办法补充缺枝。

3. 接后管理

接后抹除高接枝上萌发的不定芽，一般抹芽2~3次。新梢长到30厘米左右时，1个接穗绑1个支架以防止吹折。

1. 剪接穗成楔形　2. 无芽面稍薄

3. 高接枝接口　4. 插入接穗

5. 覆膜包扎　6. 嫁接后树体

三、适宜区域

山东中西部地区。

四、注意事项

按照技术规范进行。

（王少敏　供稿）

1 年出圃育苗技术

一、针对的产业问题

近十余年来，由于‘翠冠’、‘黄冠’等梨新品种的快速推广，新品种苗木需求量很大，传统的二年出圃的育苗方法已不能满足生产者在短期内对新品种苗木的大量需要。为了加快梨苗木繁育速度，减少占地时间，缩短育苗周期，对原有的二年出圃的育苗方法进行了改进，实现了当年育苗当年出圃，且苗木质量达到甚至超过二年出圃的苗木。

二、技术要点

1. 砧木选择与要求

根据品种与栽培地的要求，确定合适的砧木种类，如南方以豆梨为佳。砧木粗度要求 0.6 厘米以上，且以当年生砧木为好。根系发达的砧木可剪成长度 10~12 厘米多段，以提高砧木的利用率。

2. 嫁接时间

冬季至初春均可进行，冬季嫁接完成的小苗要放在室内进行沙藏保湿，初春嫁接好的小苗可直接种植在苗圃地。

3. 苗圃地的准备

苗圃地应根据土壤肥力情况，一次性施足腐熟有机肥，另每亩撒施 25 千克复合肥，整理成畦面宽 1.2 米左右，沟宽 0.25 米左右，畦面上覆盖黑地膜。

4. 种植方法

先用尖锐的棒将黑地膜刺出一个洞，并在土壤中形成种植孔，将嫁接好的苗种入，然后压紧苗周围的土。

5. 种植后管理

为保证苗木生长整齐，苗高 0.5 米左右时分批摘心，枝梢不直立的品种，需用直细棒等绑缚，保证苗木直立。

6. 起苗和出圃

待秋季完全落叶后进行起苗，剪除砧木上的萌蘖，并进行分等分级与包装。若起苗后没有马上进行销售或种植，需进行假植。

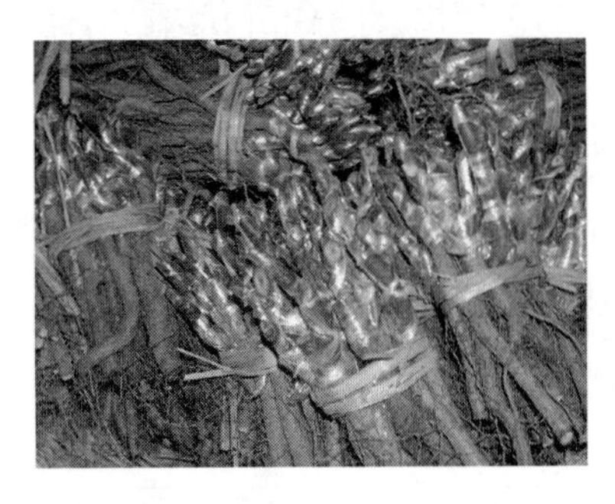

刚嫁接好的苗木，准备沙藏

出圃前苗圃地及苗木质量

三、适宜区域

南方高温多雨梨栽培区。

四、注意事项

育苗地应选择土壤疏松、排水通畅、有灌溉条件的地块，且以前未育过果树、花卉等苗木。撒施的复合肥一定要均匀，否则会引起局布烂根。苗圃地覆盖黑地膜是培育优质苗的重要措施，若进行人工除草，不仅杂草管理费时费工，且影响苗的成活率。

（施泽彬　戴美松　供稿）

利用云南榅桲繁育梨矮化砧苗木技术

一、针对的产业问题

云南榅桲 (*Cydonia oblonga* Mill.) 作为梨矮化砧，具有树体矮小、结果早、品质优等特点。但云南榅桲采用扦插繁殖作为矮化苗基砧，繁殖成活率低。

二、技术要点

该技术应用梨异属矮化砧云南榅桲作为基砧，以西洋梨品种哈代作为亲和中间砧在其上嫁接梨品种繁殖矮化苗木，其核心是

云南榅桲扦插苗和嫁接西洋梨‘红星’生长情况

提高云南榅桲扦插成活率。采用扦插前用黑色地膜覆盖苗床，在土壤温度上升到15℃左右进行扦插，选用1年生插条，扦插前用100毫克/升的ABT生根粉或0.5毫克/升的吲哚酸（IBA）处理、插后及时灌水，成活率达到90%以上。另外，充分利用云南榅桲腋芽容易生根的特性，通过对扦插苗夏季堆埋锯末覆盖繁殖技术可实现云南榅桲连续快速繁殖。采用芽接、枝接相结合使云南榅桲矮化砧苗2年出圃，可为生产上快速和大量提供云南榅桲矮化梨苗。

三、适宜区域

适宜气候温暖地区苗木繁育。

四、注意事项

榅桲容易分生侧枝，要及时去除，确保中心直立枝生长。

（徐凌飞　供稿）

第二篇

整形修剪与栽培模式

梨树倒“个”形树形及其整形修剪技术

一、针对的产业问题

随着我国农村人口的老龄化，梨产业对树形简化整形技术要求日益迫切，对省力化树形提出了更高的要求。为此，我们在梨树“3+1”树形的基础上，研发出只有2个主枝和1个中心干的梨树倒“个”形新型树形及其配套整形修剪技术。与“3+1”树形相比，梨树倒“个”形树形在技术上又有了新的进步，主要体现在其树形更简单，整形修剪更容易，果农容易接受，更易于推广应用，是在优质树形“3+1”树形基础上的又一次省力化技术创新。

二、技术要点

1. 树形特点

梨树倒“个”形树形树高2.4~2.5米，主干高0.6~0.7米，仅保留2个主枝和1个中心干，因此称之为倒“个”形或“2+1”形。中心干上均匀配备中、小型结果枝组，其中，中型枝组的分布方向伸向株间，与两主枝延伸方向垂直，每个主枝配备4~6个。

2. 整形技术

（1）第1年整形：苗木定植后选饱满芽定干，定干高度70~80厘米；生长季节在基部2个方向选出2个主枝，采用木棍撑枝或用麻绳进行拉枝，枝条与中心干的角度呈60~70度，两主枝间左右伸向行间；定植当年冬季对中心干轻截，剪口第2芽方向伸向株间；冬季修剪时，主枝选旺芽进行短截，对于主枝延长枝的竞争枝疏除或拉平。

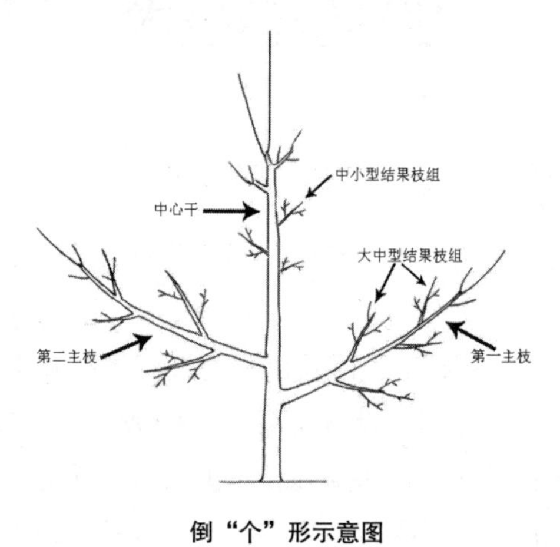

倒“个”形示意图

（2）第二年整形：生长季节对主枝进行诱引，保持主枝与中心干呈60~70度；冬剪时对中心干延长枝“弱枝弱芽带头”修剪，对中心干旺枝从基部去除，其余枝条一律缓放，成花后让其结果，并改造成中、小型结果枝组，冬季修剪后即立枝柱保护中心干。

（3）第三年整形：夏季采用牙签开角技术；主枝和中心干上的枝条尽可能利用其结果；冬季修剪时中心干延长采用“弱枝弱芽”带头、主枝延长头采用“壮枝壮芽”带头短截；距主枝分枝点50~60厘米处开始采用“连截—缓放结合法”培养大、中型结果枝组，枝组延长枝的方向伸向株间，其余枝条一般采用缓放处理，让其成花。至此，基本完成梨树倒“个”树形整形。

3. 修剪技术

（1）中心干的修剪：中心干修剪时本着“控上促下，弯曲延伸”的原则，每年通过转主换头与重截相结合，维持全树中庸的生长势。中心干修剪要注意轻重结合，切忌连年重修剪或连年缓放。中心干为该树形结果的重要部位，宜尽量多留辅养枝培养枝组，角度直立的可采用牙签撑枝开张角度。

（2）枝组培养：幼年树应尽量利用辅养枝采用“截—放”结合法培养结果枝组，中心干结果枝组的方向与两大主枝的延伸方向垂直，主枝上枝组枝条分布不均匀而出现“大空”时，背上枝也应进行改造利用，待其结果后进行回缩改造，以提高产量。

（3）结果枝组的更新：进入盛果期后要注意主枝上结果枝组的更新，截、缩、放相结合，保持新枝组的年轻化。已衰老的枝组，要及时利用主枝上萌发的新梢进行更新。进入盛果期后，主枝角度过度开张的枝条要及时利用背上枝换头，抬高角度。

三、适宜区域

本树形适宜于我国南方梨产区砂梨品种。

四、注意事项

由于主枝较少，建园定植时可适当加密行距，提高产量。

（张绍铃　吴俊　陶书田　齐开杰　供稿）

梨树“3+1”树形及其整形修剪技术

一、针对的产业问题

我国传统树形为疏散分层形，由于主枝多、层次多，容易引起树冠郁闭，内膛空虚，结果部位外移，导致产量低和果实品质差。近年来，全国各地梨产区都开展了树形方面的改良。江苏等省梨产区开展了改多主枝为3~4个主枝、改多层为两层甚至单层，但仍存在着上下枝条相互遮光，田间管理不便等问题。自2006年，通过在上海华亭现代农业科技园开展的不同树形比较研究发现，“3+1”的树形较好，具有通风透光、果实品质好、整形容易等优点，近几年在江苏徐州、盐城等地区进行示范，受到梨农的普遍欢迎，是一种值得推广应用的新树形。

二、技术要点

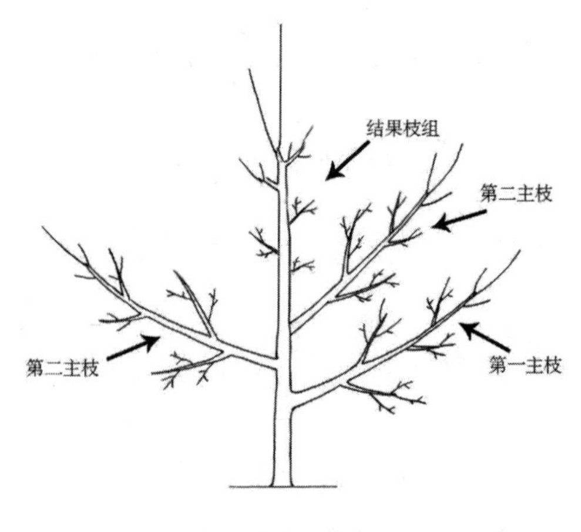

“3+1”树形示意图

1. 树形特点

“3+1”树形只有一层主枝，基部三大主枝和一个中心干。该树形“上小下大”，上部枝条对下部的影响小，通风透光条件好。树高 2.5~3 米，主干高 0.6~0.7 米，仅保留第一层主枝 3 个，整形过程与小冠疏层形相似，但主干略高于疏散分层形，不配备第二层主枝，第一层主枝以上的中心干均匀配备各类枝组，且以中、小型枝组为主，严格控制大型枝组的数量和空间。主枝上不再配备侧枝，左右两侧直接配备大、中、小型结果枝组。

2. 整形过程

第 1 年：苗木定植后选饱满芽定干，定干高度 80~90 厘米；定干时可刻芽促萌，以利新梢抽发。由于该树形产量主要集中在基部三主枝，定干不宜过矮，以免枝条结果下垂影响树冠下的通风透光和田间作业。定植当年在基部 3 个方向选出 3 个主枝，主枝间水平夹角 120 度。生长季节进行拉枝，拉开主枝基角是该树形成形的关键措施之一。

第二年：生长季节调整主枝角度及方位。冬剪时对中心干延长枝弱枝弱芽“带头”修剪，对中心干旺枝从基部去除，其余枝条一律缓放，成花后让其结果，并改造成中、小型结果枝组。主枝延长头以壮芽带头短截。

第三年：中心干延长枝以“弱枝弱芽带头”修剪，其余枝条不要短截，以疏枝和缓放为主，结果后进行回缩更新。当年缓放成花的枝条见花回缩。主枝延长头一般壮芽短截，角度过小的，冬剪时也可选健壮的背后枝换头开张角度。

第四年：中心干选斜生的弱枝或结果枝落头，中心干延长枝的修剪程度依其长势而定，长势过旺的利用弱枝换头，长势偏弱的选健壮营养枝适当重截。到第四年，树体整形基本完成。

3. 修剪技术要点

（1）三大主枝的枝组培养：三大主枝的产量占全树产量的80%以上，因此，枝组要求分布均匀，做到“小空大不空”。枝条分布不均匀而出现“大空”时，背上枝也应进行改造利用，待其结果后进行回缩改造，以提高产量。

（2）中心干的修剪：中心干修剪时本着“控上促下，弯曲延伸”的原则，每年通过转主换头与重截相结合，维持全树中庸的生长势。中心干修剪要注意轻重结合，切忌连年重修剪或连年缓放。修剪程度依树势而定，中心干变弱适当重剪，向下回缩更新；反之，中心干较强时，出现上强下弱时要多疏、多缓放，放缩结合，使树势上下平衡。中心干上的枝组要及时回缩，以免其转旺而影响下部三主枝的光照。

（3）结果枝组的更新：进入盛果期后要注意主枝上结果枝组的更新，截、缩、放相结合，保持新枝组的年轻化。已衰老的枝组，要及时利用主枝上萌发的新梢进行更新。进入盛果期后，主枝角度过度开张的要及时利用背上枝换头，抬高角度。

三、适宜区域

本树形其树冠矮小，成形容易，骨干枝上直接着生枝组，管理方便，非常适合于南、北梨产区的砂梨品种。

四、注意事项

“3+1”树形整形期不能过于追求树形，不宜过重修剪，应边结果边整形，以提高早期产量。

（张绍铃　伍涛　吴俊　陶书田　齐开杰　供稿）

“单层一心”［（3~4）+1］树形整形方法

一、针对的产业问题

随着从事梨果生产人员的老龄化及管理用工成本的增加，传统的稀植大冠、疏散分层等树形存在的树体高大、作业不便、管理费工等问题逐渐显现出来。既能确保足够的产量和优良的品质，又易于操作、方便管理、有效减少成本的栽培方式为梨果产业之急需。多年生产实践表明“单层一心”〔（3~4）+1〕树形具有树高适宜、冠内光照良好、管理省工等优良特性。

二、技术要点

1. 定干

高度以 80~100 厘米为宜，亦即于苗木 80~100 厘米处进行短截（图 1）。一般要求整形带内有 8~10 个饱满的壮芽。而对成

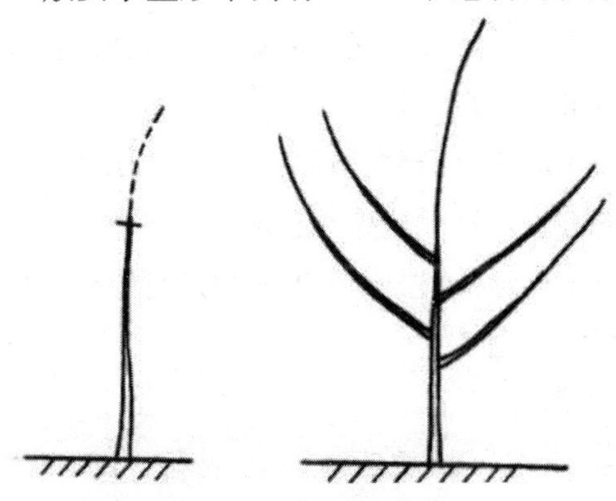

图 1　左图苗木 80~100 厘米定干
右图定干后生长状

枝力较弱的品种，需进行“目伤”，以达促发分枝之目的。

2. 第二年修剪

（1）对中心干，长势旺者可于80厘米左右处进行短截，对极性强、成枝力较弱的品种，需以“目伤”的方法进行刻芽，以促发分枝；而对长势较弱者可于40~50厘米处进行短截。

（2）基部抽生的枝条一般可达100厘米左右，于萌芽后拉枝即可（与主干成70~80度夹角）；而对长度不达60厘米者，则需进行适度短截（图2）。

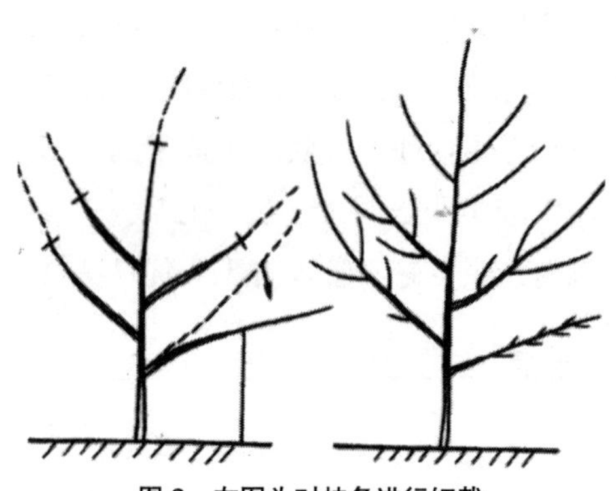

图2　左图为对枝条进行短截
右图为剪后生长状

3. 第三年

（1）对中心干，长势旺者可不进行短截，长放即可。而对长势较弱者可继续进行短截。

（2）对中心干上分枝，原则上不进行短截，对长势过旺者，可用拉枝的方法，延缓枝势并起到长放促花和分枝的目的。

（3）对主枝延长头原则上亦不再进行短截，只需对长势弱者进行适度短截（图3）。

4. 第四年

全树各枝均以长放为主。待成花、结果后实施“落头”即可。

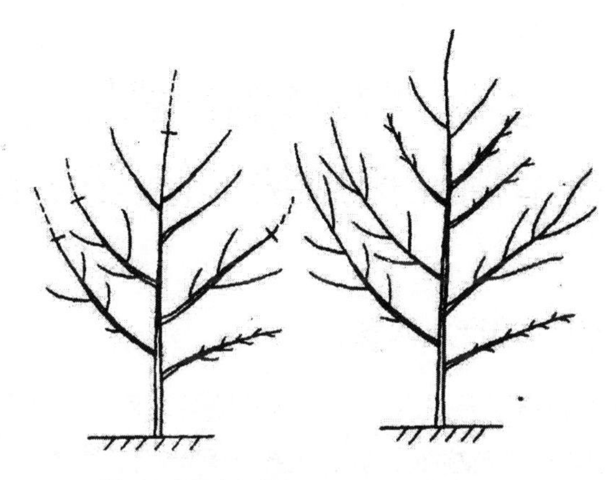

图 3 左图主枝延长头对弱枝适度短截
右图为剪后生长状

三、适宜区域

“单层一心”树形主要适宜于北方梨区，适用品种为‘鸭梨’、‘雪花梨’、‘黄冠’等。因该树形能够有效改善树冠内膛光照条件，进而有效解决结果部位外移和提高果实品质，故亦可作为南方多雨梨区的参考。

四、注意事项

整形期除按上述要求对新梢进行必要的短截外，其他枝条应长放，长势过旺、角度直立者宜实施拉枝。同时因该树形主枝开张角度较大，背上易萌发壮枝，生长季节需做好摘心、抹芽等工作。

（王迎涛 供稿）

梨树“双臂顺行式”新型棚架树形整形修剪技术

一、针对的产业问题

我国梨树棚架栽培多采用普通平棚架式和三主枝树形，其主枝上徒长枝多，先端生长弱，上架困难，“树架分离”，产量较低；主枝和分枝级数偏多，整形修剪技术较复杂，果农不易掌握；主干偏矮，机械操作不方便。“双臂顺行式”棚架栽培模式采用平面与立体结合的枝梢管理方式，具有技术简单、操作简便、省力轻劳、便于机械化操作、产量高、品质优等特点，是我国梨树棚架栽培的一项重要创新。

二、技术要点

1. 梨树“双臂顺行式”树形采用的棚架架式（图1）

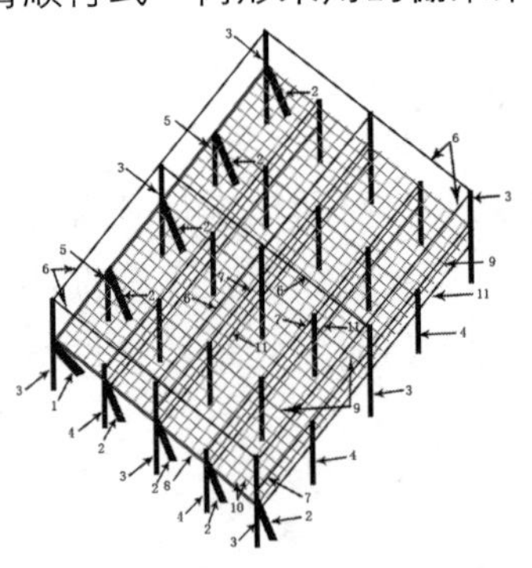

图1　双臂顺行式树形整形采用的“三线一面”棚架架式

1. 角柱；2. 边柱；3. 防鸟网支柱；4. 抬高线支柱；5. 边线支柱；6. 防鸟网线；7. 抬高线；8. 平棚边线；9. 平棚主线；10. 平棚副线；11. 主枝定位线

图 2 “双臂顺行式”棚架树形采用的“三线一面”架式
（湖北省农业科学院果树茶叶研究所）

梨树“双臂顺行式”树形的整形修剪采用“三线一面”（或“两线一面”）（图 2）新型改良式棚架架式。平棚架面高 1.7~1.8 米，拉 50 厘米 ×50 厘米网格，其结构与我国常规平棚架结构相似，水泥柱分角柱、边柱和支柱。不同点在于：园内支柱稍高，分为抬高线柱（垂直距地面高 2.2~2.3 米）和防鸟网柱（垂直距地面高 3.3~3.4 米，在“三线一面”架式时使用）。平棚架下 30 厘米处穿过抬高线柱和防鸟网柱拉“主枝定位线”，用于固定主枝基角（主枝定位线的应用可节省上架时的大量竹竿投入及绑缚用工，主枝上架后移除，不影响后期田间操作）；平棚架面上 50 厘米处穿过抬高诱引线柱和防鸟网线柱拉“抬高诱引线”，用于主枝延长枝和单轴长放型结果枝组培养时的抬高诱引，“主枝定位线”、“抬高诱引线”与平棚架面形成“两线一面”架式，主要用于套袋栽培梨园或鸟害较轻的果园。鸟害严重、实行无袋栽培的梨园要增设防鸟网柱架设防鸟网。防鸟网柱隔行隔株定植（替代部分抬高诱引柱的位置），架面上 1.6 米（即防鸟网柱顶部）拉“防鸟网线”，形成6米×8米的网，这样在传统平面棚架的基础上增加了“主枝定位线”、“抬高诱引线”和“防鸟网线”，形成“三线一面”架式。该架式实现了棚架梨园枝梢的立体管理，克服了我国现有平棚架上架难（树—架分离）、上架后枝梢生长弱、产量低的问题。

2. 梨树“双臂顺行式”棚架树形的基本结构

“双臂顺行式”梨树按“宽株窄行”定植，株行距4米×3米，主干高1.2~1.3米，2个主枝，无中心干，顺行向左右延伸，因此称之为梨树“双臂顺行式”棚架树形。其两主枝从主干分枝后呈45度角向架面延伸，分枝点距平棚的垂直距离为50厘米，距架面的上架点距离为70厘米。主枝上架前各培养一个由“反向枝”和其上着生的两个单轴长放型结果枝组组成的“F”形大型结果枝组，填补主干上部“漏斗形”及其向行间架面延伸的空间；上架后主枝上直接均匀着生单轴长放型结果枝组，垂直伸向行间填补架面空间。每个主枝共着生单轴长放型结果枝组9~10个，单侧间距40厘米，长度120~150厘米（主枝基部稍长，先端部稍短）。主枝和结果枝组先端延长枝角度抬高诱引，保持近直立生长状（图3，图4）。该树形技术简单、操作简便、便于机械操作，是一种新型省力化棚架树形。

3. “双臂顺行式”棚架树形的整形修剪技术

第1年：苗木定植后选饱满芽定干，定干高度130~140厘米（不够定干高度的在中部饱满芽处短截，新梢抽生后选一个枝条直立诱引，第2年冬季再行定干），新梢长至60厘米时将枝条基角呈45度角拉开，固定至主枝定位线上，新梢超过主枝定位线后，先后利用平棚架线、抬高诱引线对新梢进行垂直诱引，过长的可利用竹竿进行辅助诱引。冬季修剪时，放下生长季节诱引的直立枝梢，上架固定，疏除主枝延长枝的竞争枝，主枝延长枝选健壮侧芽短截，并将其垂直诱引至抬高诱引线上；主枝上的背上芽全部抹除，以减少第二年背上枝的抽发。

第二年：生长季节及时抹除主枝基部萌蘖，对主枝上的徒长枝采用“抹上留侧”法进行抹梢，其余部位新梢辅养枝进行“拿枝圈枝结合法”处理；对主枝延长枝利用抬高诱引线直立诱引，保持其生长势。冬季修剪时放下被诱引的主枝，选健壮侧芽处短截主枝延长枝，并将其诱引到抬高诱引线上呈近直立状；疏除靠近主枝基部及背上的旺枝，侧生枝过密时采用“外侧留桩法”疏除。

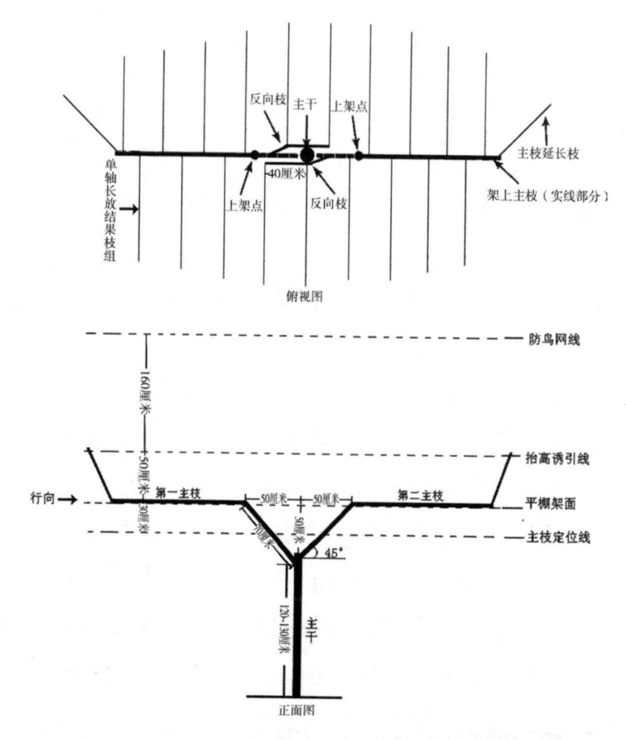

图 3　梨树“双臂顺行式“新型棚架树形示意图

图 4 “双臂顺行式”新型棚架梨园
（湖北省中日友好梨园）

第二年冬季修剪时开始培养架下结果枝组，每个主枝分别选一侧位健壮枝（枝条抽生部位分别在主枝分枝点的 30 厘米或 60 厘米附近）向另一主枝延伸方向拉平，该枝条称为“反向枝”。“反向枝”在 60 厘米处选上芽短截，枝上距其分枝点 20 厘米左右留一背上芽，其余芽抹除。背上芽和剪口芽抽生的新梢抬高诱引，形成 1.5 米以上、生长势均衡的 2 个长枝，缓放成花后斜拉上架，形成“F”形单轴长放型结果枝组，填补主干上部架面空间。两个主枝上的“F”结果枝组方向相反，左右伸向行间（图 3 俯视图）。至第二年冬季，树形培养基本完成。

第三年至盛果前：此期的整形修剪任务，首先是促进主枝在架面延伸，对延长枝坚持抬高诱引，保持其生长优势；其次是培养主枝上架点附近和架面单轴结果枝组，方法是选侧位长枝壮芽短截，让剪口枝向外延伸，逐年形成单轴长放型结果枝组；或选择侧位或背后弱枝重截后垂直诱引，促发 1.5 米以上的旺枝，缓放成花后拉平结果，形成单轴长放型结果枝组（图 3 俯视图）。

三、适宜区域

全国梨栽培区。

四、注意事项

注意选用优质苗木，苗木直径1厘米以上，根系保留完整。定植时要求苗木定植带呈一条直线，以便利用“抬高诱引线”和“主枝定位线”进行枝梢立体管理。

（秦仲麒　伍涛　李先明　杨夫臣　涂俊凡　朱红艳　供稿）

高定干开心形树形

一、针对的产业问题

汉水流域梨树生长量大，采用矮定干栽培模式易造成主枝分枝过矮，通透性较差，不利于后期的机械操作，也不便于打药、套袋及修剪作业。高定干开心形光照良好，大枝少、小枝多，主从分明，单轴延伸，有利于提高果实品质。并且，在当前劳动力成本较高的情况下若采用高定干开心形树形，手扶拖拉机可以直接进果园进行松土、施肥、打药、采摘等作业，有效地降低劳动强度减少劳力成本，增加果农收入。

二、技术要点

1. 三主枝开心形

（1）定干：定干高度 120 厘米（含整形带），高定干有利于果园通风透光，便于机械操作。

（2）主枝配置与角度：每株配置三个主枝，主枝方位角度相错 120 度。主枝成型后的角度：基角 55~60 度，腰角 70~75 度，梢角 50 度。

（3）副主枝配置与选留：每株配置 9 个副主枝，每个主枝上着生 3 个副主枝。副主枝选留时应单数一边、偶数一边。副主枝间隔距离：第一副主枝离主干距离 40~50 厘米，第二副主枝离第一副主枝 40~50 厘米，第三副主枝离第二副主枝 70~80 厘米。

（4）侧枝配置：全株配置 27 个侧枝，即每个副主枝上选留 3 个侧枝。每个侧枝上视空间大小选留 1~3 个副侧枝。

（5）树高与枝展：树高控制在 2 米以内（含新梢高度）；枝展，因采用高定干开心形，比传统的低干分层形受光好，株与株、行与行之间可以相接，但不能交叉。

2. 倒人字形（Y 形）

定干高度为 120 厘米，两主枝最好间隔 20 厘米以上，主枝延长枝中截，在距中心干 100~120 厘米处选第一侧并在一侧对面 110~130 厘米处选第 2 侧，各主枝上留 4~5 个侧枝，逐步培养结果枝组。结果枝组在主枝上的分布，上小下大，呈三角形。主枝的背上不能培养较大的结果枝组，大型枝组均匀分布在主枝的两侧。

高定干开心形树形

三、适宜区域

老河口市周边覆盖的谷城、南漳、枣阳等 5 个县市。

（王克有　供稿）

梨树篱壁式树形及其整形方法

一、针对的产业问题

省力化、机械化是梨栽培技术的发展趋势。我国传统的梨树栽培树形疏散分层形，树冠结构复杂，不利于集约化栽培。篱壁形是欧洲国家在苹果、梨生产中常采用的树形之一，与疏散分层形相比，具有树冠小、结果早、通风透光好、便于田间作业等特点，是梨树集约化生产的良好树形之一。2006 年起，通过在上海市华亭现代农业示范园进行了梨树篱壁式树形的整形修剪技术尝试和研究，笔者发现篱壁式树形具有结果早、果实品质好、方便田间管理的优点，并摸索出了一套梨树篱壁式树形的整形方法。

二、技术要点

1. 树形特点

梨树篱壁形树形在立支柱、拉铅丝的“篱壁”基础上进行，篱架高 2.2 米左右，树形分为三层，第一层距地面 60~70 厘米，第二层距第一层、第三层距第二层距离均为 70 厘米，分别拉 3 根铁丝，株距 3 米，行距 4 米。中心干高约 1.8 米。该树形的树体抗风能力强，顶层枝梢生长旺，枝条更新容易。

2. 整形方法

第 1 年，定植后按 70~80 厘米高度定干，剪口下留 20 厘米整形带，萌芽前在所需分枝点的芽上进行刻芽目伤。第 1 年新梢抽生后，选择两个生长旺盛的主枝顺行向进行拉枝，冬季将其绑

篱壁式整形

缚于第一层铁丝上，基角开张 80~90 度，中心干保持直立。第二年底，在中心干上 80~90 厘米短截，距第一层 60~70 厘米选择第二层两个主枝，主枝方向与行向平行。第三年底，距第二层 70 厘米将中心干拉平，作为第三层第一大主枝；中心干上发出的背上枝选择一个强旺枝拉平，作为第三层的第二大主枝。以此即可基本完成篱壁形树形的整形。

3. 修剪技术

（1）中心干的修剪：篱壁式树形整形完成后，由于树体的顶端优势，要控制上层两主枝分枝点基部徒长枝，以免其扰乱树形。

（2）主枝的修剪：由于该树形分为 3 层，为减少不同层次生长势差异，对于主枝延长头宜适当抬高，并保持壮芽、上芽修剪。

（3）辅养枝修剪与结果枝组的培养：多数梨品种萌芽力强，成枝力弱，枝少，直立旺长，所以在对辅养枝修剪时要按“少疏多留，少截多放”的原则。结果枝组直接着生在主枝上，以中小型结果枝组为主，对于缺枝部位，应进行刻芽并配合涂抹抽生宝促进分枝，结果枝组出现衰老时及时更新，冬剪时要及时选留更新枝，做到结果、成花和生长“三枝”配套，以保持树势健壮，生长结果平衡。

三、适宜区域

本树形适宜于我国南北方砂梨种植。

四、注意事项

为了保证丰产稳产优质，要注意合理负载，结果过多，果实个小，商品果率低，易形成“大小年”。

（张绍铃　供稿）

早熟梨双层形幼树整形修剪技术

一、针对的产业问题

我国传统的疏散分层形树形分层多、树冠高大，给树体管理工作带来诸多不便、且花费较多人工。改良后的双层形树形降低了树冠高度、减少了分枝层数、方便树体管理、节约了人工成本，是适合于早熟梨的树形之一。

二、技术要点

1. 双层形标准

树高 2.5~3.0 米，主枝 5~6 根，第一层主枝 3 个，第二层主枝 2~3 个，层间距 1.0~1.2 米，层内距 20 厘米。第一层每个主枝上配置 2 个大型结果枝组，大型结果枝组距基部 50 厘米，两个大型结果枝组间距 60~70 厘米。第二层主枝上直接培养形成大中型结果枝组。第一层冠径控制在 3~3.5 米，第二层冠径控制在 2.5 米。

2. 幼树整形修剪技术

第 1 年：定干高度 80 厘米，剪口下选 4~6 个饱满芽定剪，萌芽前在选留芽上方刻伤促发新梢，5~6 月拉枝至基角 60 度。

第二年：5~6 月选留主枝的一侧强二级枝拉开作大型结果枝组培养，主枝延长枝保持。冬剪时主枝延长枝 60~70 厘米处短截。选一中等枝作中心延长枝培养，冬剪时短截 1/3，其余枝采取吊、拉等办法促其形成花芽或辅养枝。

第三年：5~6 月继续用吊、拉方法使主枝的延长枝开张。冬剪时采用上压下放，轻剪缓放的方法培养第一层主枝、大型结果枝组，中心主枝延长枝弯曲换头，短截 1/3；主枝延长枝短截 1/4；注意短果枝及小型结果枝组的培养。

第四年：5~6 月，距第一层主枝 1.0~1.2 米的中心主枝上选留 2~3 个生长枝、基角 75~80 度作第二层主枝培养。冬剪时，中心主枝延长枝去强留弱弯曲换头，第一层主枝继续开张角度，同时采用疏删、缓放、拉枝、回缩等办法培养大、中、小型枝组。

第五年：冬剪采用上压下放，去强留弱、以花带头等方法控制树冠的冠径和冠高。

经过 5 年的夏季和冬季修剪，使大、中、小型结果枝组基本成型。

三、适宜地区

南方早熟梨栽植地区。

四、注意事项

夏季修剪以 5~6 月为佳，此时枝条半木质化，不易断裂，采用撑、拉、扭等措施易成形。冬季修剪时期从落叶至第二年萌芽前都可进行。

（周超华　供稿）

梨树纺锤形整枝技术

一、针对的产业问题

我国梨树大面积生产栽培主要采用小冠疏层形、开心形等树形，纺锤形梨园在生产上很少见到。纺锤形树形能充分利用土地和空间，是梨树乔化栽培的一种理想树形。陕西地区以杜梨为基砧，对‘早酥’、‘砀山酥梨’、‘红星’等品种采用纺锤形整枝技术，表现结果早、产量高、品质好，并且管理方便。

二、技术要点

干高一般 50~60 厘米，中心干上直接分布骨干枝 12~15 个，单轴向四周延伸，骨干枝间距不少于 20 厘米，骨干枝开张角 80~90 度，同方位骨干枝间距大于 50 厘米，骨干枝长度不超过 1.5 米，骨干枝上直接着生中小型结果枝组，树高 2.5~3.0 米（图 1）。

技术步骤：第 1 年栽植定干高度 80 厘米，萌芽前在第 2 芽以下刻 2~3 个芽，促使发出角度大的中长枝；夏季壮枝开角至 80~90 度，冬季对中心干延长枝截留 50~60 厘米。第 3 年在第 2 芽以下按要求的方向刻 3 个左右的芽促发中长枝；夏季对强旺骨干枝拉枝呈 80~90 度，对第 1 年骨干枝背上枝条疏除，保持各骨干枝顶端的生长势和促发短枝成花，疏除影响生长的竞争枝，过强枝条采用拉、剥、刻等方法促进枝类转化、成花。3~4 年生进入初果期，整形修剪主要任务是结果与整形并重，全树约有呈现螺旋状排列的小主枝 12~15 个。

梨树纺锤形整枝树体

三、适宜区域

各地梨树栽培区。

四、注意事项

注意培养强旺直立的中干，开张骨干枝角度，充分利用空间。

（徐凌飞　供稿）

‘库尔勒香梨’开心形整形修剪技术

一、针对产业问题

‘库尔勒香梨’树体生长特性是极性生长强，发枝力、成枝力都很强，树体直立向上生长旺，树形常呈尖塔抱合状，枝条多，尤其直立枝条多，树冠易郁闭、内膛光照差，结果晚、坐果率低、且青头粗皮果多；树冠高大，打药、修剪、摘果等管理费时费工。因此采取开心树形是解决这一问题的良法。

二、技术要点

1. 树形特点

适合沙砾地生长较弱的梨树，株行距 3 米 ×4 米、3 米 ×5 米、亩植 44 株、55 株密度栽培模式和 30 年生老树改造，树高 2.5 米，冠幅 4 米，主枝 3~4 个，一层，主干 0.65 米，整形层 0.35 米，叶幕厚度 1.5 米。主枝上直接配置大中型结果枝组，树形呈倒伞形，结构简洁匀称、骨架牢固，挂果受光好，果面红晕多，青头粗皮果少（下图）。

开心形树形示意图

2. 整形修剪方法

（1）幼树开心树形：1年生嫁接树留70~80厘米短截定干，培育主干65厘米，整形带10~15厘米；第二年选留3~4个主枝，除去中心干，夏季拉枝，角度70度。第三年后选留强枝做主枝延长枝，留60厘米短截，保持向前延伸，注意调节并保持主枝处以同一平面，均衡生长，弱头促强，强头抑制。同时通过轻截、缓放、回缩，着力培养结果枝组，大中小结合，分布均匀，长短错落有致，保持树势匀衡。特别注意背上枝控制，及时除去直立强旺枝，充分利用空间扭枝、曲枝、别枝培养结果枝组，促早结果、早丰产，以果压冠，树体高度控制在2.5米。

（2）老树开心形：树龄30年，树势衰弱，下部空旷的树。在疏散分层形的基础上，中干第一层主枝上留20厘米保护桩锯除中心干，锯口用保护液涂抹。着重控前促后，改造侧枝、大型结果枝，疏除前端背上强旺枝和中上部过密枝、交叉重叠枝，回缩下垂枝，细长衰弱枝，后部和内膛发出的新枝要充分利用，多留枝，更新复壮分布均衡、紧凑年轻的枝组群，树体高度控制在2.5米左右。

‘库尔勒香梨’生长势强，开心形树形培育要特别注重夏季精细整形修剪，尤其大树开心后，造成地上与地下生长平衡被打破，树体大量萌发冒条，易形成背上徒长枝，如不及时处理易造成树上长树而难以控制，需做好夏季修剪工作。5月下旬后每月需进行拉枝、扭枝、别枝，开张角度，及时抹芽摘梢、去强留弱、去直留斜，控制生长势，防止旺长，促花芽形成，尽快恢复产量。同时加强土壤水肥管理，增施有机肥，深翻园地，将杂草、树叶翻入土中，改善土壤结构，增强根系吸收功能，保持树体健壮生长。

三、适宜地区

本技术适宜范围：库尔勒市、尉犁县、轮台县、阿克苏市、阿拉尔市、库车县、沙雅县、新和县、阿瓦提县、温宿县 3 市 7 县现辖行政区域（含所辖行政区域范围内新疆生产建设兵团的单位）。

四、注意事项

树体开心处理后，要加强各项常规管理。幼树实施开心形整形技术，要注意控制上强，及时处理直立旺长枝。

（于强　供稿）

‘库尔勒香梨’小冠疏层形整形修剪技术

一、针对产业问题

‘库尔勒香梨’树体生长特性是长势旺，顶端优势强，极性生长极强，发枝力、成枝力都很强，树形常呈尖塔抱合状，控制营养生长难度大，且果个较小、初结果晚、坐果率低、年年坐果不稳定，常常以果压冠，调节生殖与营养生长难以凑效。采取小冠疏层型树形是因势利导地解决这一问题的良法。

二、技术要点

1. 树形特点

适合株行距 3 米 ×4 米、3 米 ×5 米、亩植 44 株、55 株密度栽培模式，树高 3.5~4 米，冠幅 4 米（第一层主枝的行间幅度），主枝（大枝）12~15 个、辅养枝（大型结果枝组）3~5 个，4 层，主干 0.65 米，层间距 0.7~0.8 米，整形层 0.15~0.25 米。主枝（大枝）多，无侧枝，直接着生结果枝组，中心干着生主枝（大枝）和辅养枝（大型结果枝组）共 15~20 个，辅养枝（大型结果枝组）配置在层间，枝基和腰角 75~85 度，枝几乎平展延伸。该树形枝多、枝基角大、有层次，树冠小，冠幅下大上小，呈圆锥体型，以此来控制树势，使营养与生殖生长协调。树形匀称美观、结构合理简单、骨架清晰牢固，挂果多呈下垂状，受光好，果面红晕多（图 1）。

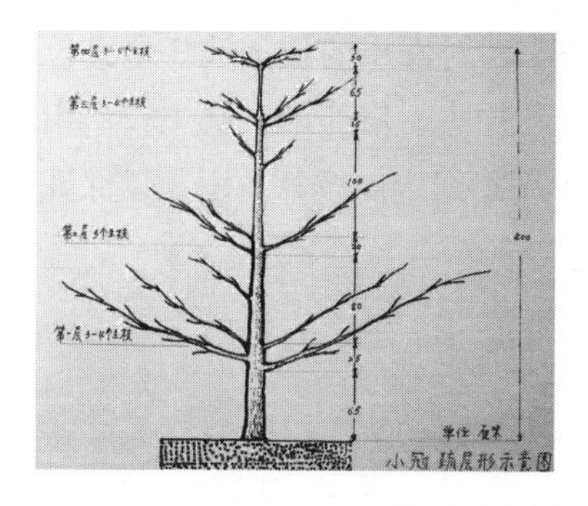

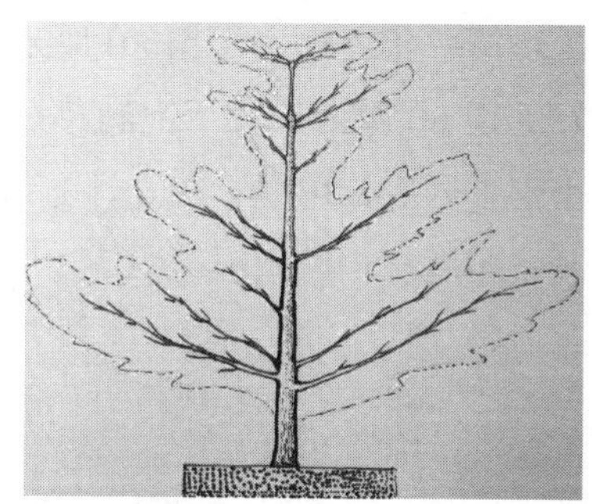

图 1　小冠疏层型树形示意图

2. 整形修剪方法

第 1 年：定植杜梨（图 2 ）。

第二年：春季田园嫁接（图 3 ），冬季修剪定干，高度 80 厘米，剪口下在 25 厘米整形带选 3 个方位各呈 120 度的饱满芽进行刻芽目伤，其他芽全部抹去，以保证正常萌芽，且生长壮条。如果已发出 2~4 个枝条，则留 40~50 厘米，选背下饱满芽短截，作为主枝培养（图 4）。

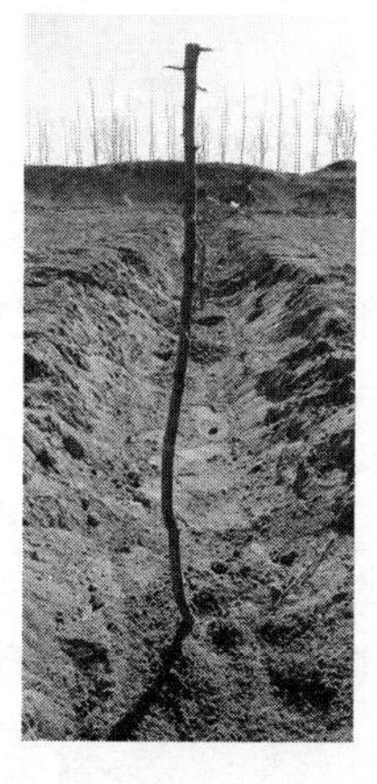

图 2　定植砧木（杜梨）

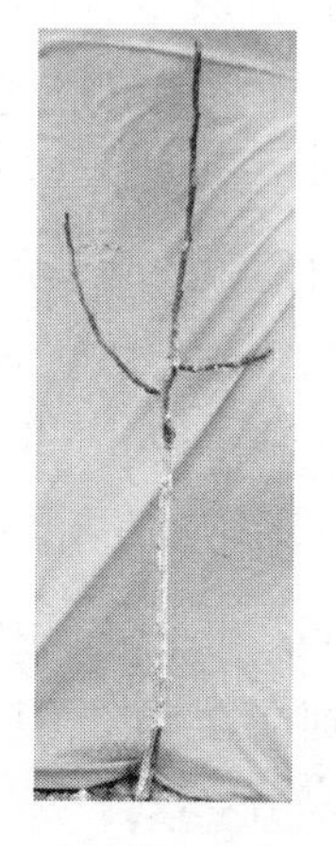

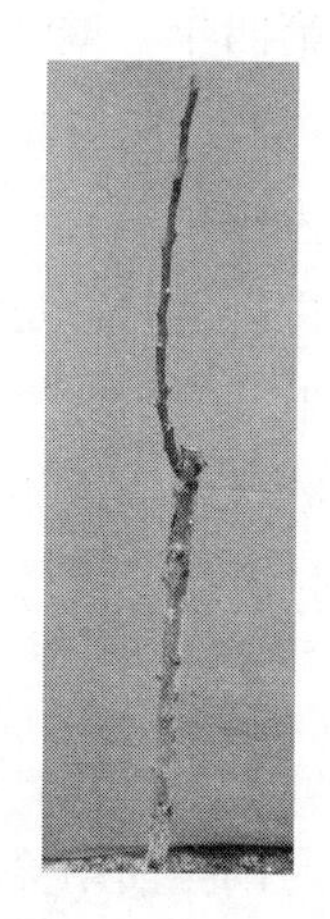

图 3　嫁接后的 1 年生树

第三年：中心干留 80 厘米截头，对发出的枝条选 3 个方位好的留 60 厘米选背下饱满芽短截延长头，培养第一层主枝。用小棍撑开主枝角度，在 6 月上旬再用小绳定向拉开角度，以保证开张角度从小树做起（图 5）。

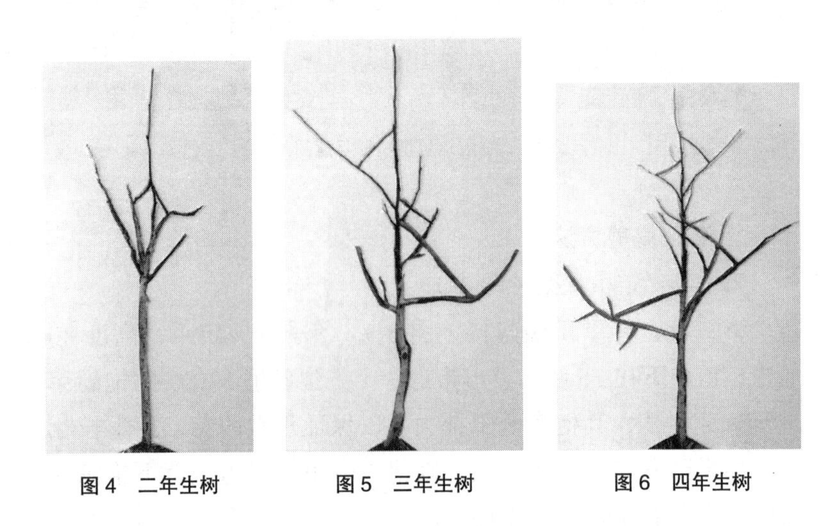

图 4　二年生树　　图 5　三年生树　　图 6　四年生树

第四年：继续短截第一层主枝，仍然是选背下饱满芽留 60 厘米短截，使主枝每年呈内弧形延伸，以增强主枝的强度。对中心干发出的枝选 2 个作为辅养枝，靠上部 2~3 个枝作为第二层主枝进行培养，及时短截、开张角度，如选不出主枝，在下年中心干上新发出枝再选。开张角度仍采取冬撑基角、腰角，夏拉梢角，除选定的辅养枝和主枝外，其他枝均疏除（图 6）。

第五年：继续短截中心干和第一、第二层主枝头，向外向上延伸，迅速扩大树冠，增加营养面积；对辅养枝不短截，只开张角度，对于主枝、辅养枝上的背上强枝一律疏除，对于侧背旺枝可视空间扭曲培养成结果枝组（图 7）。

第六年：继续短截中心干和主枝，扩大树冠，培养树形。选取2~3个层间距合适、方位良好的枝作为第三层主枝培养、层间插空选留2个辅养枝，辅养枝不短截，疏除强枝，多用弱枝当头，特别注意开张角度要大，90度最好（图8）。

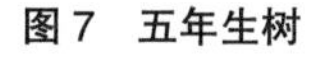

图7　五年生树

图8　六年生树

图9　七年生树

第七年：开始少量结果，继续短截中心干和主枝，扩大树冠，保持中心干长势，培养树形。采取轻剪缓放、多留枝培养结果枝组，去强留弱、去直留斜、去内留外、去上留下，辅养枝见花回缩，其枝幅不超过主枝，形成紧凑型大型结果枝组（图9）。

图10　八年生树

第八年：产量大增，三层主枝形成，短果枝增多，树体渐显成形丰满，开始以结果为主。仍然继续短截一、二、三层主枝头，扩大树冠、培养树形。选取3~4个枝培养第四层主枝，疏除中心干头“扣头挖心”，将选出的主枝强行弯曲拉下成平行，以求封顶。所选封顶主枝不得少于3个，否则难以压住顶端长势（图10）。

第九年：此时按照整形的要求主枝的配备已完成，但还需整理树形，通过回缩疏剪疏除影响树体结构平衡的辅养枝和多余大枝；对于有改造价值的辅养枝培养成长期结果枝组。在树冠内有空间处利用枝条缓放、扭梢等方法培养配备结果枝组，使树体果枝均衡丰满。

第十年以后，主枝、树高、冠幅、树形已达到要求，不再短截骨干枝延长头，每年在行间株间交接处回缩控冠。保持树体结构合理和树冠相对稳定，使得树体中庸偏强，保持结果枝组年轻力壮，维持良好的结果性能，同时及时更新衰弱枝组，以求达到高产、优质、高效的生产树形。

三、适宜区域

新疆南疆‘库尔勒香梨’栽培区，株行距3米 ×4米、3米 ×5米模式。

四、注意事项

1. 该树形的主要特点就是配置的主枝（大枝）多，加辅养枝多达15~20个，选留时应注意相互交错配置，上一层与下一层要避免重叠；有层间距，层次分明，但不要刻意强调层间距，应随树造形，因枝选留，尤其配置辅养枝，插空档留，以枝多消势，以枝多增果，以果压冠，长期保持。

2. 整形修剪技术的关键是开张角度，从幼树抓起，冬撑夏拉，冬季修剪时用板皮制作撑杆，两头呈“V”字形，利于撑牢，防止刮风脱落；每树用撑杆数个，随树体长大、骨干枝数量增多而增加，生长期间梢角抬头，再用绳索定向拉枝。每个主枝合适的开张角度须连续多年撑拉才能形成，不可仅撑拉一两年；基角小的枝撑时易造成劈裂，应特别小心，注意撑枝力度。

3. 树体第三、第四层每层须配置 3~4 个主枝，呈三角形或十字形配置，这样才能有效地消化顶端强势，以避免上强下弱，促进上下平衡生长。因树冠呈上小下大的圆锥形，上部主枝均较下一层主枝短，不会出现“打伞盖帽”遮阳现象。

（于强　供稿）

西洋梨改良疏层形栽培技术

一、针对的产业问题

西洋梨一般幼树长势较强，干性也很强，进入结果期后骨干枝不易更新，树势容易衰弱。目前，西洋梨主要采用的树形是主干疏层形，容易出现树势上强下弱现象，树下迅速光秃，结果部位上移，树体衰老加快，容易感染腐烂病和枝干病等多种病害。针对这一问题，对主干疏层形进行改进，称为改良疏层形。改良疏层形能够有效控制树势，避免上强下弱现象。树体成形后修剪管理容易，连续结果能力强、丰产稳产性好，同时能保持较强的生长势，减少枝干类病害的发生。

二、技术要点

株行距 4 米 × 5 米，园地以沙石土或沙壤土最佳。

栽植后第 1 年：定干高度 80 厘米左右，因苗木质量而异，当年可分别抽生 2~5 个分枝。

第二年春天，对有 4 个以上分枝的树体，选留中心干及 3 个不同方位、长势均衡的枝，培养作基部三大主枝。主枝间距要小，形成卡脖，抑制上强。对基部三主枝根据枝势强、弱分别留 60 厘米、40 厘米短截，促发分枝，每主枝培养 2~3 个侧枝；对中心干依干势强弱从距一层主枝 70~100 厘米处剪截。对第 1 年定干后仅抽生 1~3 个分枝或分枝位置不好、角度太小的树体，选留 1 个直立强枝做中心干，距地面 80~100 厘米处重新定干，并疏除夹角太小、位置不好的分枝，促发新枝。这样处理当年可抽生 3~4 个角度、位置很好的分枝翌年做主枝。

第三年春季疏除中心干上二层分枝，抑制上强，对中心干在距一层主枝 100 厘米高度上二次剪截，重新促发二层分枝。使一层主枝与二层主枝的层间距达到 100 厘米。对主枝延长头留 60~70 厘米剪截，每主枝留 2 个侧枝并对侧枝留 40 厘米左右剪截。

第四年春季甩放中心干延长枝，选留 3 个方位、角度较好的二层分枝做第二层主枝。分别对第一层和第二层主枝拉枝开角，角度控制：基角 30~40 度，腰角 60 度，梢角 70 度。甩放所有主侧枝。

第五年春天将已形成大量腋花芽的中心干延长枝拉平开心。基部三主枝中前部、二层主枝上培养小型结果枝组，疏除树体上徒长枝、背上枝。

第六年树体进入盛果期，亩枝量 11 万条，亩产量 4 000 千克以上。其后主枝由于大量结果开始自然下垂，待树势基本稳定后可逐年对主、侧枝进行回缩，保持健壮树势。

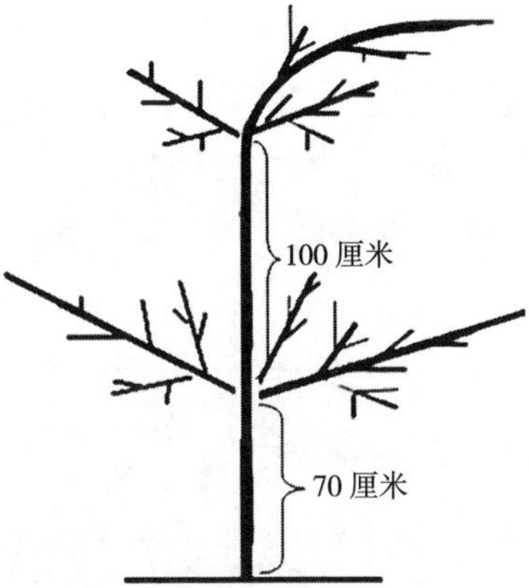

100 厘米
70 厘米

改良疏层形树形

三、适宜区域

胶东地区、辽南地区。

四、注意事项

幼树整形时注意开张角度和主枝的选留。

（李元军　供稿）

砂梨简化整形修剪技术

一、针对产业问题

梨树传统的整形修剪一般采用疏散分层形或自然圆头形，这类树形分枝级数多、结构复杂，种植者难以掌握；另外，其树冠高大、进入结果期较晚，后期树冠密闭，不利于管理操作，且经济效益低下。

二、技术要点

近年发达国家砂梨多采用结构简单的开心形或 Y 形；修剪技术简化为“疏枝、缓放、回缩、更新”四种措施。

首先，在主枝两侧每隔 40 厘米左右留一个结果枝组，错落分布，过密的 1 年生枝条全部疏除（图 1，图 2）。

图 1　疏除过密 1 年生枝

图 2　结果枝组错落分布

保留作为结果枝组培养的 1 年生枝条，缓放不剪；第二年成花的枝组拉平，开始结果；对于过长的结果枝组，进行回缩修剪，以免枝组交叉（图 3）。

衰老的枝组结果小、果实品质差，对结果 3 年以上的枝条，立即疏除，注意对较大的伤口涂抹乳胶保护。次年，锯口周围会发出几个更新枝条，疏除直立旺长枝，保留斜生、中庸枝条作为结果枝组培养（图 4）。

图 3　结果枝组的修剪

图 4　结果枝组的更新

三、适宜地区

所有砂梨优势产区。

四、注意事项

注意根据立地条件、树龄树势确定树体适宜的负载量；按照适宜的产量负载，结合品种特性计算单株留枝数量。

（朱立武　供稿）

预防和治疗果树大枝劈裂技术

一、针对的产业问题

主枝或大型辅养枝与中央领导干之间的夹角较小，易形成夹皮角。如果对这类枝进行拉枝则容易劈裂。本技术通过螺栓固定主枝或辅养枝与中央领导干，可以有效预防和治疗果树枝劈裂，防止树体偏冠与死树造成生产损失。

二、技术要点

1. 预防

（1）树体情况：主枝与中央领导干之间的夹角形成夹皮角（图 1）。

（2）工具：所使用的工具有电钻、胶带、带帽螺丝（直径约 6~10 毫米，长度稍长于树干直径），配套扳手（6~12 号）等（图 2）。

图 1　夹皮角严重的梨树

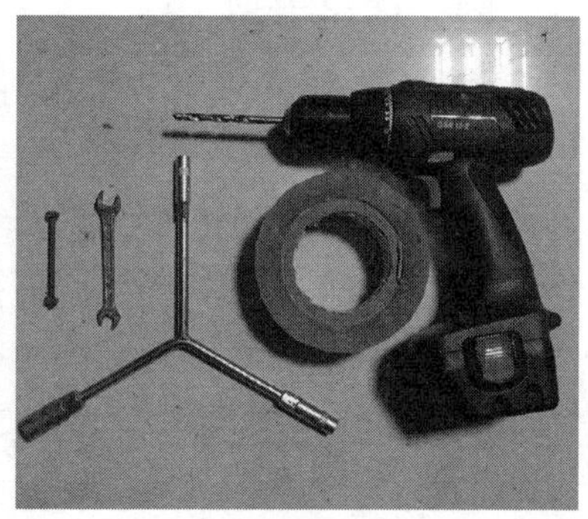

图 2　工具

（3）钻孔：利用电钻从被固定枝（或劈裂枝）与中央领导干中间钻透，钻孔可适当偏上（图3）。

图3　钻孔　　图4　上螺栓

（4）上螺栓：将适当长度与直径的螺栓穿过所钻的孔，并利用扳手将螺丝固定紧（图4）。

图5　粘胶带

（5）粘胶带：用胶带将钻孔部位周围粘住，保护伤口（图5），以利愈合。

2. 治疗

治疗和预防的操作步骤相同，不同点是劈裂严重要上下用两根螺栓，劈裂较轻则用一根螺栓，并用胶带将劈裂处全部包严，以利伤口愈合，最好在上方用绳将两枝拉紧。治疗效果如图6、图7所示。

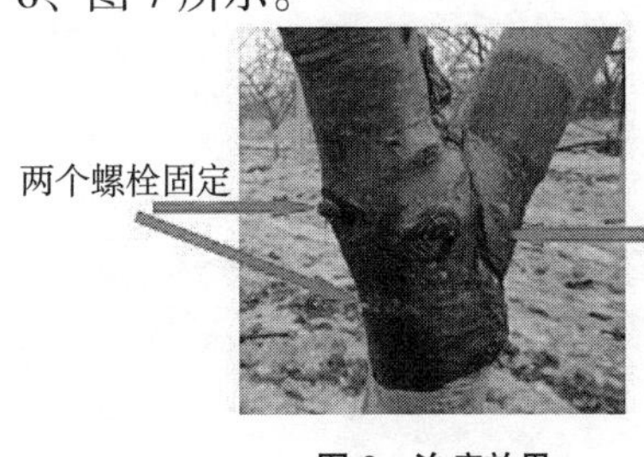

图6　治疗效果

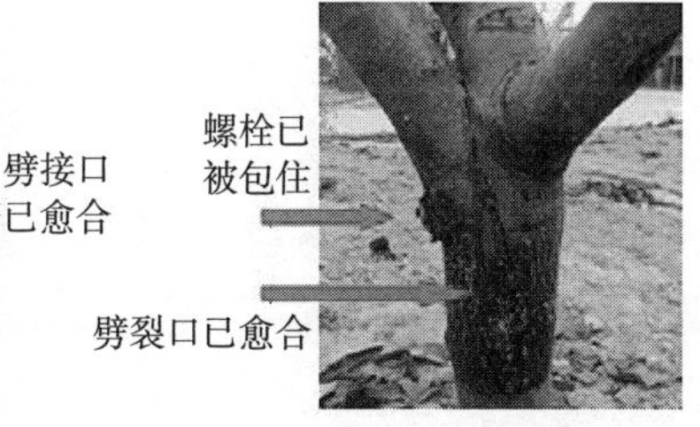

图7　治疗效果

三、适宜区域

南北方各地 1 年四季均可使用。

四、注意事项

1. 可在拉枝前进行，治疗最好在大枝劈裂后立即进行。
2. 寒冷地区要注意伤口感染腐烂病。

（王东升　供稿）

牙签开角

一、针对的产业问题

在密植圆柱形等树形的培养中，及时开展侧枝的角度，可以减少竞争枝、徒长枝，有利于增加枝量和花芽的形成，对早果丰产、控制树冠起着极为重要的作用。

二、技术要点

当新梢长到20~30厘米的时候，用一根两头尖的竹牙签，一头扎在母枝上，一头扎到此新梢上，深入木质部内，将新梢角度支大。这样及时开张了新梢的角度，特别是剪口下第二、第三个新梢基部的角度，减缓其长势，是一种简单实用、减少修剪量、减少拉枝用工用料、促使幼树尽快成形的简便方法。

利用牙签开展新梢角度

三、适宜区域

各地梨产区。

四、注意事项

牙签开角时，新梢比较细嫩，应悉心操作，防止新梢折断。

（刘军　供稿）

梨水平棚架栽培技术

一、针对的产业问题

江苏省梨产业易受台风影响，特别是沿海梨产区，受害严重时落果达60%以上。从1996年开始，启东、睢宁等梨产区先后引进日本的梨水平棚架栽培技术，很好地克服了台风的为害。同时发现了棚架栽培还有很多优点，棚架栽培的梨树树冠低、田间操作容易、梨果品质一致、风味好、有利于标准化生产。江苏省通过引进、消化、吸收该技术，并进行再创造，总结出了适合我国国情的梨水平棚架栽培技术，主要用于梨的优质栽培。

二、技术要点

1. 棚架要求

棚架高度1.8米左右，架面成50厘米左右的方形网格。

2. 棚架搭建

角柱竖于棚架的四角。侧柱竖于棚架的四周，每4米左右一根。支柱间距5~8米，垂直分布在梨园中间。棚架四周的围线一般用钢丝绳。干线比围线稍细，间隔3~5米拉一道，两端固定在围线上。子线与干线平行，间距为50厘米左右。

3. 栽植密度

以株行距3米×4米或5米×5米定植，前者待6~8年后间伐成6米×4米的密度。

4. 整形修剪

树形可采用2主枝、3主枝或4主枝方式。定干高度一般

1.3米左右。新梢长到0.5米左右时，对培养成主枝的新梢及时诱引。第1年冬季主枝延长枝在壮芽处短截，妨碍主枝生长和影响树形的枝条一律疏除；第二年冬剪时，主枝上侧芽萌发的枝条可适当保留，并诱引与主枝成90度夹角，水平绑缚在架面上；以后在冬季修剪时，在主枝3年生枝段上，开始培养亚主枝。

图1　梨水平棚架栽培树体情况

5. 花果管理

人工授粉可以提高结实率，增大果型。要求授粉品种花粉量充足，与栽培品种授粉亲和性好，可用混合花粉授粉。在开花前2~3天，采集铃铛期花蕾，取出花药，放在光滑纸上，在室内温度20~25℃、空气湿度50%~70%的条件下，约经24小时即可散出花粉。一般每千克鲜花可得纯花粉10克左右，可授6 000千克梨果所需的花朵。通常用毛笔或橡皮头作授粉器，蘸取花粉，点授当天或前一天开的花朵柱头，为节约花粉，可用4倍的填充剂(滑百粉或淀粉等)稀释花粉，每花序点授1~2朵花。

图2　梨水平棚架栽培结果状况

三、适宜区域

梨栽培区域。

四、注意事项

一般应用于坡度小于15度的梨园。

（盛宝龙　供稿）

平棚架梨栽培技术

一、针对的产业问题

近年来我国一些梨产区开始利用棚架进行梨栽培，由于对于棚架梨的认识和理解的不足，在实践中出现了一些问题和偏差，需要及时解决和纠正。

二、技术要点

梨的平棚架（以下简称棚架）栽培就是将梨的枝条绑缚在固定的棚面上，从而进行梨生产，是日本普遍使用的一项实用技术。

图 1　常见的三种平棚架模式

根据棚架的架设方式和枝条在架面分布特点，可将棚架整形方式分为两类：平棚架和 Y 形棚架。前者又可以分为关东式、关西式和折中式（图 1）。关东式多在日本关东地区栽培，定干高，主枝的分枝在棚面以下，上架快，所有结果部位均在架面上，副主枝的配置位置接近主干，而且和主枝的粗度差异不大，所以看上去好像是多个主枝从主干放射状伸出。由于主枝和副主枝几乎水平绑缚在架面上，特别是主枝和副主枝基部长出的新梢易徒长。主枝和副主枝的延长头长势反而弱化，反过来又促进了基部新梢的徒长。所以树势不易控制，结果枝的维持很困难。关西式是日本关西地区传统的栽培方式，其特点是定干部位低，主枝离地面的距离在45~60厘米。主枝达到架面时，再开始培养副主枝。主枝达到棚面弯曲后，主枝的伸长迅速变弱，主枝的棚下部位，特别是主枝的弯曲部位大量发生徒长枝，结果枝的维持比较困难。结果的部位主要在棚下的漏斗状部位（图1关西式中的椭圆形部分）。由于主干太低，主枝周边的劳动作业比较困难。折中式是为了解决关西式和关东式的缺点而开发的一种整形方式，是关东式和关西式的折中。主干高60~90厘米，但近年新建果园主干的高度达到了90~120厘米。主枝的基角40度左右，延伸到架面后水平绑在架面上。和关东式比较，主枝基部徒长枝的发生较少。但棚上主枝弯曲部、剪锯口下容易发生徒长枝。主枝上架后先端迅速变弱，使树冠的扩大受到阻碍。

日本新建的果园基本都采用折中式。典型的棚架园整形必须从幼树开始。为了早期结果，棚架梨园一般采用计划密植。最初的株行距可以为2.5米×5米、3.5米×5米或3.5米×3.5米等，但最终株行距最好能达到7米×7米左右，至少也要达到5米×5米。在栽植后应该将树分为永久植株、第一次间伐植株和第二次间伐植株，区别对待。对于间伐植株（临时植株），不考虑树形，多主枝整形，不配置副主枝，充分结果。而对于永久植株，从一开始着重培养骨干枝（主枝和副主枝）。第5~6年开始间伐，从回缩或疏除枝条开始逐渐过渡到间伐整棵树。8~10年左右完成全部间伐。主枝上第一副主枝的选留位置距离主干至少75厘米。副主枝的选定不易太早，最早也应该在栽植后4~5年开始。主枝上架后，其先端应该直立，保持生长势。特别是成年后的修剪一定要注意先端的强化。

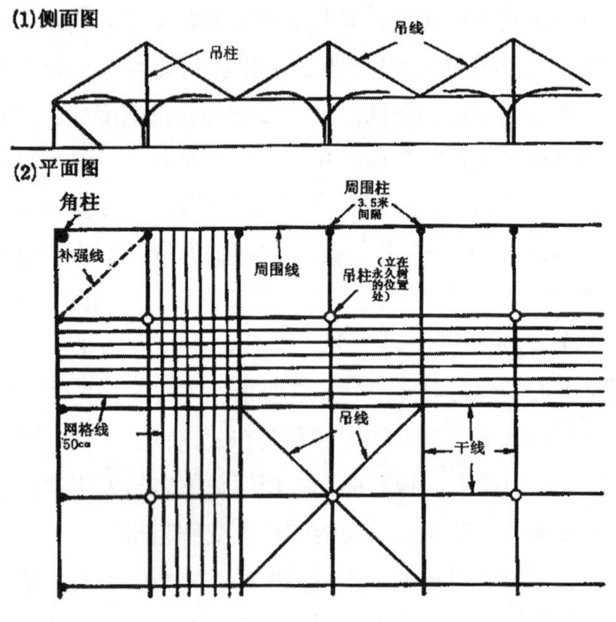

图 2　典型的日本平棚架的支柱及网线配置

我国的棚架园大都是在开心形的基础上改造而成的，定干部位低，主枝数量多，类似于日本的关西式。改造的具体步骤：

1. 仿照日本的做法搭建棚架（图 2）。架面高 1.8 米左右。如果不用吊柱，可在永久株处全部采用水泥柱（中心柱）支撑的办法来代替。周围支柱的间隔为 5 米或 3 米（株行距为 6 米的情况下）。

2. 加大株行距，至少达到 5~6 米：对于成年园，用 3~4 年左右的时间采取逐步回缩枝条，直到疏除大枝、大树。

3. 对现有的树形进行适当的改造。减少骨干枝的数量，主枝数量不要超过 4 个，根据株行距大小每个主枝上配置适当的副主枝（1~2 个）。尽可能的开张主枝的角度。

4. 强化骨干枝延长头的修剪，并且将其直立或抬高角度。

三、适宜区域

全国梨栽培区。

四、注意事项

架设棚架时注意地形的影响；架面高度控制在 1.8 米左右，便于操作。

（滕元文　供稿）

便于机械作业的梨拱形棚架栽培模式

一、针对的产业问题

随着劳动力成本的不断攀升，果园机械化作业已成为行业趋势。但是，当前传统的窄行距、低平架式的栽培模式限制了农用机械的应用，生产效率和经济效益受到明显影响。因此，发展探索便于机械作业的新型栽培模式，并在有条件的地区推广应用，对促进梨果产业持续健康发展具有非常重要的意义。

二、技术要点

1. 棚架搭建

棚架的基本结构如图 1 所示，由拱杆、横杆以及横线、斜线

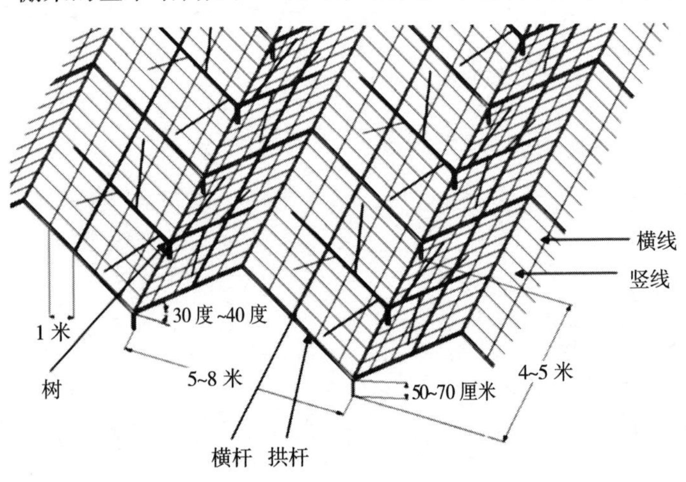

图 1　拱形棚架基本结构

相互连接形成网状斜面，相邻斜面相互连接形成折叠状拱形网面，梨树枝条绑缚在拱形网面上。拱杆基部相连成“Y”形结构（图2），最下端固定在水泥基础上，间隔5米。拱杆顶端相连形成“W”结构（图3）。“W”结构沿栽植方向架设，间隔4~5米。该棚架结构空间大，可调整斜面角度，便于大型机械作业（图4）。

图2　Y形结构　　图3　W形结构

图4　实景图

2. 整形修剪

树体主干高度与拱形棚架结构相适。一般保留2个主枝。主枝开张沿拱形棚面延伸。每主枝配备侧枝2~3个，结果枝组分布在侧枝两侧，间距30~40厘米，树冠中心开心透光。结果期要疏除外围密生旺枝和背上直立旺枝，保持树体光照良好。幼树新植第1年，选2个方位匀称、生长健壮的新梢做主枝培养，夏秋季绑扎至拱形架面，冬季进行短截。第二年后，主枝延长枝每年剪留 50~60 厘米，在主枝上逐年选 1 个或 2 个侧枝，并拉枝开角 60 度以上，并绑扎至拱形架面上。初果期进行拉枝，调整主、侧枝角度，控制辅养枝，培养主枝。盛果期及时调节树体生长和结果之间的关系，巩固和调整树冠骨架，促使树势中庸健壮。回缩或疏除影响骨干枝的大型辅养枝。结果枝及时更新，在培养良好预备枝的情况下对结过果的趋近衰老的枝条及时疏除，下 1 年以预备枝作为替代结果枝。结果期要疏除外围密生旺枝和背上直立旺枝，保持树体光照良好。盛果后期当产量降至 15 000 千克 / 公顷以下时，要对梨树进行更新复壮。每年更新 1~2 个大枝，3 年更新完毕，同时做好小枝的更新。

三、适宜地区

砂梨种植区。

（常有宏　供稿）

南方大棚梨高效优质栽培技术

一、针对的产业问题

近年来，以‘翠冠’为主要品种的南方早熟梨的推广，推动了南方梨产业的快速发展，但另一方面，却造成了成熟期集中、效益下降的问题。而大棚栽培可以提早果实成熟期，与常规露地栽培相比，梨大棚栽培果实成熟期提早了近一个月，在浙江沿海地区大棚栽培的‘翠冠’6月中下旬就进入采收期，6月底前基本采收结束，可避开东南沿海地区台风的频发期，且延长了梨果的供应期，填补了市场空白，同时提高了‘翠冠’梨的果实外观品质，产品竞争力强，平均售价可达10元/千克左右，亩产值1.5万元，经济效益十分显著。

二、技术要点

1. 品种选择

适宜品种有：‘翠冠’、‘翠玉’、‘早生新水’、‘爱甘水’、‘秋荣’、‘圆黄’、‘幸水’等。

2. 棚体建设

棚体采用顶高3.8~4米，肩高2.2~2.5米，单栋宽7.5~8米（2行1栋），长30~50米的水泥立柱毛竹拱竿混合式连栋大棚(图)。一般在梨苗定植后2~3年搭建并使用。也可采用全钢架结构，但成本较高。

图　大棚梨

3. 大棚管理

以浙江省温岭市为例，整个梨大棚栽培周期分为 3 个阶段：1 月至 5 月上旬为促成栽培期，5 月中旬至 7 月上中下旬为避雨栽培期，7 月下旬至 12 月为露地栽培期。即 1 月覆盖顶膜和裙膜进行保温促成栽培，当 5 月平均温度稳定超过 20℃后去除裙膜，只保留顶膜作避雨栽培，果实采收后卸除顶膜进行露地栽培。前期可把 30℃和 20℃分别作为掀裙膜通风降温和放裙膜保温的标准点，棚体过长（40 米以上）的掀膜降温的标准点应减少到 25℃，并需增开天窗以利通风降温。掀裙膜应注意先从逆风面开始，防止棚内热空气集聚造成局部树体热害，掀膜幅度随气温的增加而增加。

4. 花果管理

在梨树大棚生产中人工授粉是一种必需的技术措施。选购或采集亲和力强、发芽率高的优质花粉，按重量 1∶1 掺入石松子增量剂和染（红）色剂以提高花粉的利用率和授粉的有效率，在梨初花期至盛花期进行人工授粉。梨花开放的当日和次日是梨树人工授粉最佳时机，开花后 3~5 天均有效。每花序授粉 1~2 朵花，选择第 2 和第 3 朵花，用专用羽毛棒或电动授粉枪将花粉直接沾上或喷在雌蕊柱头上即可。

大棚内空气湿度大、风力弱，谢花时花瓣容易黏附幼果和叶片，极易造成幼果畸形和叶片腐烂。除在晴好天气加强通风促进自然脱落外，遇连续阴雨天气应人工摇晃枝干使花瓣脱落，对已经黏附在幼果和叶片上的花瓣要及时清除。

除疏除部分过密花序外，考虑到大棚栽培结果率较低，要坚持"轻疏花重疏果"的原则。疏果在确认坐果后即可开始，一般分两次进行。第一次疏掉所有花序的多余果，留单果。第二次紧接着第一次疏果进行，疏掉梢头小果、畸形果、位置不佳果、病虫果等，每隔 15~20 厘米留一果形端正、下垂边果。'翠冠'梨大棚栽培因隔绝雨水直接冲刷，果面光洁，锈斑发生少，果实套袋后锈斑有明显的增加，品质也有下降的趋势，所以大棚栽培中提倡无袋栽培。而其他品种可根据市场需求确定套袋与否。

5. 肥水管理

大棚栽培条件下，应增加基肥和有机肥的用量，改变冬施基肥的传统习惯，在采果后尽早施入，对恢复树势，提高树体营养贮备，改良土壤，减少土壤盐分积累都有显著作用。追肥应根据物候期的特点，遵循"薄肥勤施"的原则，以滴灌的形式结合灌溉及时补充。叶面喷肥肥料利用率高，是大棚栽培中必不可少的施肥手段，可结合喷药进行。一般萌芽期至 1 次梢停梢期每 7~10 天喷肥 1 次，以后每 15 天喷肥 1 次。前期以 N 素为主，后期以 P、K 为主，多补充 Ca、Mn、Zn 等微量元素，减少叶片黄化现象。

在盖膜前和卸膜后要分别充分灌水一次，生长季节前期以排水降湿为主。在盛夏高温季节则以地面覆盖、灌水等来保证梨树对水分的需求。

6. 整形修剪

梨树大棚栽培应采用低干矮化开心形树形。幼苗种植定干

40~50 厘米，在第一次长梢接近停长时摘心并拉成弓形，通过顶端优势的转移促使原中短枝形成长枝及促发背上长枝，待第二批长枝接近停梢时作相同处理。落叶前 1 个月解开所有被拉枝条，让主、侧枝自然回升。第 2 年冬季修剪时保留 6~8 个长梢，剪除二次梢部分作骨干枝培养，疏除交叉、重叠生长的长梢，其余部分可保留结果并培养成大型的结果枝组。

第 3 年建棚盖膜时树形已基本形成，除未达到整形要求的按前两年的方法作拉枝处理培养骨干枝外，其余长梢在接近停梢时留桩 20 厘米左右作短截处理。保留的枝桩在剪口芽重新发育成长梢外，在第 2、第 3 芽位会发育成中、短果枝，冬季修剪时保留果枝剪除或短截二次长梢部分，从而形成较固定的结果枝群。进入丰产期后及时对内膛强枝进行连续摘心或剪梢，控制枝叶旺长；对衰退的大型结果枝组选留附近合适长梢，拉枝处理后重新培养，保持结果枝组的更新和活力。5~6 年后隔株砍伐，保持矮干低冠、通风透光良好的结果群体。

7. 病虫害防治

受大棚小气候环境的影响，大棚梨栽培的主要病害如梨锈病、黑星病、黑斑病、轮纹病有减轻的趋势，而蚜虫、螨类等害虫有加重发生的现象。

三、适宜区域

长江流域及以南地区。

四、注意事项

注意谢花期的大棚温湿度管理，防止热害和花腐病的发生。

（王涛　滕元文　供稿）

梨树拉枝轻简化技术

一、针对的产业问题

拉枝整形是梨树栽培中的重要管理措施，云南省梨树传统的拉枝方法是从其他树种取材并劈成长 30 厘米左右的木桩，深埋土中，进行拉线固定。近几年，由于树木保护，禁止砍伐，导致农户忽视拉枝或者拉枝成本较高。通过多年的实践，集成梨树的拉枝轻简化技术并已将该技术在安宁示范果园进行了示范，在安宁部分梨树种植园进行了推广，认为有较强的操作性，技术简单、可行。

二、技术要点

1. 材料

每株选用长 2 米，直径 2.5~3.5 厘米的实心竹两根，强力绳、布带若干。

2. 时间

6 月初最佳，此时为云南省雨季，梨树枝条在吸收水分后韧性较大，不易折断，且新梢基本停长。

3. 方法

将 2 根实心竹交叉排成十字形固定在树枝分叉处（三大主枝或四大主枝处），并用布带将竹子和主枝绑牢捆紧，根据不同枝条拉枝要求，用强力绳将需要拉枝的枝条拉在竹子上，可与本树上的竹子相拉，也可与旁边树上的竹子相拉，以达到拉枝的效果。此外，对于新整形的果园，亦可根据整形的需要，调整竹竿夹角与主枝的绑缚力度来帮助完成整形。

4. 成本

实心竹 2.5~2.8 元 / 根，每根可截成 3 短根，布带 4~5 元 / 千克，强力绳 15 元 / 千克。每亩成本大概 80 元左右。

拉枝简易技术

简单示意图

三、适宜区域

本技术广泛适用于云南省各梨种植区。

四、注意事项

1. 选择竹子时一定要选实心竹，空心的耐不住拉力，使用寿命只有 1 年；而实心竹韧性强，至少可用 3 年。

2. 拉枝常年都可进行，可以根据劳动力空闲与否等实际情况择时进行；拉枝时，夏季力度可稍大，冬季力度稍小。

3. 对于拉枝不到位的枝条，可持续 2 年进行拉枝定型。

4. 主枝整形只适用于 5 年生左右的幼龄树，对于 8 年以上的成年树，主枝韧性较差，只适合于新梢拉枝。

（舒群　供稿）

梨树早春目伤与刻芽技术

一、针对的产业问题

我国梨传统的栽培模式多为大冠稀植，在整形修剪、花果管理和果园喷药等方面费工费时，用工成本大，直接影响到梨园经济效益。该项技术为培育省工树形、建立省力化密植栽培梨园提供支撑。

二、技术要点

1. 目伤与刻芽

“目伤”又称“刻伤”，是梨树整形修剪中常用的一种技术措施。具体的操作是在芽或枝条着生部位的上方或下方约 0.5 厘米处，用嫁接刀或修枝剪横向划出一道伤痕，将韧皮部切断、深达木质部，以调节被处理的芽或枝条的生长势。对芽进行目伤，通常称之为“刻芽”，调节作用明显，生产上应用普遍；而对枝条的刻伤效果不显著，实际应用较少。

2. 刻芽的作用

春季芽萌动前，在芽的上方刻伤，向上输送的养分和水分被阻挡在伤口下方的芽上，促使其萌发，潜伏芽也可以被刺激萌发。刻伤可促发新枝、有利于树冠快速成形。多用于纺锤形幼树整形（图 1）。

萌芽前，在芽的下方刻伤，则能抑制芽的营养生长，使其长势转弱，形成更多的短枝，有利于花芽的形成（图 2）。通常用来获得幼树密植栽培早期丰产。

图1　1年生枝芽上方早春刻伤（A），促发新枝（B），有利于树冠成形（C）

图2　1年生枝芽下方刻伤（D），抑制芽生长形成短枝（E），促进成花（F）

而在生长季节，于芽的下方刻伤，则使下行的营养物质被阻挡在伤口上方，会促使芽的生长；在芽的上方刻伤，则能抑制芽的生长、削弱其生长势。

3. 不同枝条和芽的类型刻芽效果

处理不同枝条和芽的类型，对萌芽率和成枝力的影响存在着显著差异。枝条上部的芽、背上芽刻伤后，其萌芽率和成枝力较高；从枝条下部的芽刻伤的程度来看，刻伤程度越大、越深，刻芽后萌芽率、成枝力越高；反之，则萌芽率和成枝力较低。

强壮枝上的芽刻伤后，其萌芽率和成枝力高；对于斜生、水平枝，在芽的上方刻伤，更易使幼树增加枝量，促进成花。

三、适用地区

全国各地。

四、注意事项

1. 刻芽的时期

萌芽前后 7~10 天均可刻芽。刻芽时间过早，伤口愈合后效果较差；萌芽时刻芽，萌芽率、成枝力不及萌芽后，但刻芽后的枝条生长量最大。对刻芽后生长过量的枝条，可于 6~7 月在所发新枝的下方进行二次刻伤，以抑制抽生长枝条、促进成花。

2. 枝芽选择

一般情况下，应选择强壮、直立枝刻芽，弱枝不宜刻芽，应待其复壮后再行刻芽；不要选择枝条上部芽、背上芽进行刻伤，以免产生徒长枝；基部芽刻伤很难达到发枝的目的。

3. 伤痕大小

要根据刻芽目的，适当调整伤痕大小。如为促发长枝，可选择枝条中部的侧芽，刻伤长度要达到枝周长的 1/2 以上，深达木质部；若为促发中短枝，应选择中部背下芽或侧面芽，刻伤长度为枝条周长的 1/2 以下，仅伤及韧皮部即可。

4. 树体保护

干旱地区刻芽，最好结合灌溉进行，刻芽后以薄膜包扎枝干、保护树体，以防芽和枝条抽干。

（朱立武　供稿）

梨寄接两熟型高效栽培技术

一、针对的产业问题

通过在早熟梨上寄接晚熟品种，充分利用南方丰富的光温资源，实现梨1年两次采收的高效栽培目标，延长鲜果供应期。与单一的早熟梨栽培相比，实现增产64.3%，增加产值72.4%，增加收益111.2%。

二、技术要点

1. 品种选择

栽培品种选择生长势强、成枝率高且具有优质品质性状的早熟梨品种，以‘翠冠’为佳。寄接品种选择品质优良、经济价值高、与栽培品种熟期错开的晚熟梨品种，以‘蒲瓜’、‘香’、‘王秋’等为佳。

2. 寄接方法

接穗采集：正常落叶后即可进行接穗采集，接穗以生长健壮、正常落叶、无病虫害的当年生长果枝或发育较充实的徒长性结果枝上的腋花芽为佳。采集的接穗先阴干至表面干燥，按50枝每捆进行整理包扎，使基部整齐一致，选择背阴处进行露地基部埋土贮藏，埋土深度10~15厘米，四周用泥土压实。

寄接时间：1月上旬到萌芽前均可嫁接。

寄接方法：采用切接法（图1）。寄接砧以着生在骨干枝上的徒长枝或上年中等发育枝为宜，直径在1厘米左右。寄接砧枝条剪留长度约8~20厘米。

图 1　寄接方法

寄接数量：每树嫁接数量根据树体大小、来年计划产量与果实品质要求等因素合理决定寄接数量，不宜过多，以免结果太多影响树势和果实大小，并增加人工费用。一般每亩保持在 600~1 000 枝。

3. 寄接母树的培养

寄接母树是寄接两熟型栽培模式的主体，不光承担着第一季果的生产任务，同时还承担着花芽寄接载体的作用，并提供第二季果生长的光合产物。因此，要加强树体结构的构建，培育足够可供寄接的寄接枝；同时培育健壮的树势，满足两季生产的营养需要。树体培养上以培育内膛生长中庸的健壮发育枝为重点，处理好母树自身结果和寄接梨结果的主次关系，维持母树正常树形和均衡生长势。

树体结构宜采用低干矮化开心形树形。树高 2 ~2.2 米，冠径 3.8 ~4.2 米，主干高度 40 ~50 厘米，主枝数 2~4 个，每个主枝配置 1~2 个侧枝，形成 6~8 个生长中庸，粗细、长短相近的骨干枝。骨干枝基角 30~45 度，中部呈水平状伸展，长度 1.2~1.4 米，离地高度 0.8~1.2 米，顶端向上斜生，基角 45 度左右。每个骨干枝配置 2~3 个大型结果枝组和 20 个左右的小型结果枝组。

4. 果园管理

加强肥水管理，增加有机肥用量，减少氮肥施用以避免寄接母树萌生太多的徒长枝。一季果采收后增施一次采果肥，促进二季果的发育。在采前 2~3 天至采后 1 周内施入，以速效肥为主，施肥量根据树龄大小和树势强弱而定。一般成年梨树每株施入复合肥 0.5 千克左右，对水淋施，避免干施，有条件的最好结合灌水用滴灌施入。二季果采收后斟酌树势，及时施入基肥，以利于树势的恢复，增加树体的营养积累，同时提高花芽分化质量。以施腐熟有机肥为主，施肥量以生产 1 千克果实需要施入 1 千克的有机肥为准，一般成年梨树株施腐熟有机肥 50 千克加复合肥 1~2 千克。施肥方法可沿树冠外围开“井”字形沟进行深施，或结合梨园土壤深翻熟化，撒施到土壤表面后进行翻耕，深度以 20~30 厘米为宜。

寄接前后和一季果采收后充分灌水。果实发育期土壤湿度应保持在 60%~80%，低于 60% 时应及时灌水。并结合病虫害防治用 1 000 倍绿芬威等叶面肥进行叶片喷肥，重点补充微量元素，以维持叶片正常的营养水平，延长叶片寿命，增强叶片光合能力。

5. 花果管理

盛花后 20~30 天生理落果结束后进行疏果，疏除对象包括病虫果、畸形果、外伤果、过密果和不好套袋果等，保留纵向发育、近于长形、底部萼端突出、果梗发达、果面光亮、发育正常的幼果。一般一次果隔 20 厘米左右留 1 个，二季果每寄接花芽根据品种果实大小保留 2~4 个果实（图 2）。

‘翠冠’梨露地栽培果锈多，影响外观，可采用小林 1-KK 双层果袋或外黄内黑普通双层果袋，能改善果实外观，提高果实综合品质和商品性。大棚栽培可采用无袋栽培。寄接的晚熟品种必须进行套袋以防止虫害，套袋时间一般在谢花后 30~45 天进行。

图 2　寄接梨结果状

6. 病虫害防治

病虫害防治要根据两季梨病虫害的发生、为害规律，合理利用农业防治、物理防治、生物防治和化学防治等多种防治措施，把病虫害的为害控制在经济允许水平以下，从而实现环境无害化和果品安全化。防治的主要病害有梨锈病、梨黑星病、梨黑斑病、梨轮纹病等，主要虫害有梨木虱、梨小食心虫、斜纹夜蛾、梨瘿蚊、梨蚜等。

三、适宜区域

长江流域及以南地区。

四、注意事项

注意花芽的选择和寄接时间，防止成花退化，提高寄接成花率。

（滕元文　供稿）

梨“高接换种”新技术

一、针对的产业问题

我国是世界梨果生产大国，但不是生产强国。其突出问题表现在结构不合理，品种老化，调整更新缓慢等方面。如目前晚熟品种中的‘砀山酥梨’、‘鸭梨’、‘雪花梨’、‘金花’、‘南果梨’、‘库尔勒香梨’等老品种所占比重约为60%以上，而我国南方早熟品种中的‘黄花’、‘翠冠’等，因其风味好，抗病性和丰产性强，很快在长江流域及其以南地区推广，目前，其栽培面积达160万亩，占全国梨面积的10%左右，但其外观欠佳，在国外市场上缺乏竞争力，近几年已出现了地区性和暂时性的售价低、卖果难现象。

上述品种结构不合理等问题急需进行“高接换种”来解决。而传统的“高改”方法主要是“插皮接”，这种方法不仅导致树冠、产量恢复慢，而且“高改”后往往易发生“高接病”，死树现象非常严重。本文所介绍的“主枝（干）长留枝侧多位单芽插皮接+小枝切腹接”方法两年恢复树冠，3年恢复产量，并可有效避免“高接病”的发生。通过该技术的推广应用，使我国梨产业品种结构更加合理，经济和社会效益更加显著。

二、技术要点

1. 果园与树体选择

选择品种老化、品质低劣、但园貌整齐，树相基本一致、管理水平较高的5~40年生的果园。选择树相完整、生长健壮、无病虫害梨树。

2.“高接”时期

萌动前20天至萌动期，日平均气温≥10℃。

3.“高接”方法

（1）主枝（干）长留枝侧多位单芽插皮接

①树形改造：根据不同的树冠形状，首先把原有树形改造成“开心形”或“基部多主枝中干圆柱形”。具体方法是：根据树冠大小选留基部4~5个主枝和中心干作为嫁接的砧木，主枝长度保留2~2.5米、中心干保留2米锯掉，主枝和中心干上的各类枝全部去掉。使改造后的树体呈“基部多主枝中干圆柱形”或“开心形”。

②嫁接槽的开凿：在开凿嫁接槽时，在选留的主枝左右两侧每隔25~30厘米为一个嫁接部位，主枝两侧的嫁接部位要错开；中心干上的嫁接部位要上下错开，每隔20厘米为一个嫁接部位。先用嫁接刀把嫁接处的老翘皮削掉，再用刀在韧皮部上刻出底边长约2~2.5厘米，高约1.5~2厘米的等腰三角形嫁接槽，使三角形的底边在主枝或中心干的下（后）端，然后在三角形的底边中部与底边垂直纵切一刀，长度2~3厘米，深达木质部，以便接穗容易向里插入。到此为止嫁接槽已做成。

③接穗的削切：挑选1年生发育充实、接芽饱满、无病虫害的枝条作接穗。根据韧皮部的厚薄选择一定的粗细枝芽。首先在接芽的下方约2.5厘米处剪断，用嫁接刀在接芽的背面从芽基处向下削一斜切面直达底端，削成2.5~3厘米长马耳状的削面，下端渐尖，再用刀在接芽的正面下方1厘米处把韧皮部削掉，然后再用剪枝剪从接芽上端1厘米处剪下接芽。

④嫁接：嫁接时，用嫁接刀拨开三角形底部垂直纵切口的皮层，随即将接芽朝外、接穗的马耳形削面朝内插入皮内，使穗芽

的上端镶嵌在三角形的接槽内即可。

⑤绑缚：当把要嫁接的主枝上所有的接位全部嫁接完后，用15厘米宽的塑料薄膜自下而上螺旋状把嫁接的主枝或中心干全部绑缚严紧即可。按上述方法直至把整棵树嫁接完为止。

（2）主枝（干）长留枝侧多位单芽插皮接+小枝切腹接：此方法在“主干长留枝侧多位单芽插皮接”基础上发展而来，树形的改造和主枝的数量与主干长留枝侧多位单芽插皮接相同，不同之处是：把主枝或主干嫁接位上的1~2厘米粗的小枝不要剪除，以便在小枝上采用切腹接的方法嫁接上一个接芽，以代替枝侧多位单芽插皮接的位置。对于接位上或附近没有发生小枝的地方仍然采用枝侧多位单芽插皮接。

接穗的削取：选用充实的1年生枝条为接穗，取接穗时，左手正握枝条，右手持嫁接刀，从接穗下部的饱满芽处依次向上取芽，每次取一节段。先在枝条上取接穗芽的背面向下斜削一刀，深达1/2木质部，一直削到枝节的底端，然后再在所取接芽的下方基部向下斜切一刀，深达1/3木质部，也一直削到枝节的底端与第一刀交会，形成一个芽背削面大，正面削面小的“楔形”，然后从接芽的上部1厘米处剪断即可。

嫁接：嫁接时，左手握住小枝的中间向内用力使枝条稍弯曲，右手用锋利的剪枝剪在距大枝5~10厘米处与枝条呈10度角斜剪一剪口，深达木质部1/3~1/2，长与接穗的小削面相当，然后使接芽朝外把接穗插入剪口中，使接穗的小削面正好与外剪口对合，再用剪刀于接穗顶端平行减去上部的枝条。

绑缚：用1.5厘米宽的塑料条从下至上把接口处环状包扎绑紧，并用石蜡封住枝砧顶部即可。当采用上述两种嫁接方法复合嫁接完主枝或主干后，仍然要用15厘米宽的熟料薄膜自上而下螺旋状把嫁接的主枝或中心干全部缠严。

4. 接后管理

（1）灌水：嫁接后浇一次透水，以提高嫁接成活率。

（2）破膜露芽：嫁接两周后要经常检查接芽的萌动情况，发现芽露绿并把绑缚膜顶高时，及时用牙签在接芽部位捅破绑缚膜，使萌发的新芽露出。

（3）除萌蘖：嫁接十几天后树上其他部位即开始发生萌蘖，发现后及时除掉，要经常查看，随时除掉。

（4）松绑与解绑：接后当新梢长到 30 厘米时，对切腹接的小枝应及时松绑，防止形成缢痕。若伤口未愈合，还应重新绑上，并在 1 个月后再次检查，直至伤口完全愈合再将绑缚膜全部解除。

（5）摘心：当新梢长至 40 厘米时应及时摘心，促进新梢的增粗，缩小重力的外移，避免因风折断新枝。

（6）绑支柱防风折：对切腹接发出的新梢，在第一次松绑的同时，用直径 2 厘米、长 80 厘米的木棍（树枝），下端绑缚在小枝的基部，上端将新梢引缚其上，增加抗风能力。

（7）肥水管理："高接"后在 5 月中、6 月上旬各追肥一次，秋季后再追一次肥，每次追肥后应立即灌水。

（8）病虫防治："高接"后的 6~8 月对食叶性害虫和蚱蝉要及时防控，可每半月喷药 1 次。

三、适宜区域

全国各地。

四、注意事项

嫁接工具要锋利，接穗削面要平滑，绑缚要严紧，破膜要及时。

（李秀根　供稿）

提早恢复产量的梨树高接实用技术

一、针对的产业问题

对建园时全园或部分梨园定植品种、密度不适宜以及管理技术不配套，导致梨园郁闭或品种已经失去优势，产量低、经济效益不高的多年生梨园，采用该项实用技术可以有效改善梨园状况，提高产量、改善品质、显著提高经济效益。

二、技术要点

1. 接穗准备

（1）采用多芽枝高接的接穗长度一般在 20 厘米以上，每个接穗应有 5 个以上饱满芽。接穗芽数多，树势恢复快，嫁接翌年即可大量结果。

（2）对接穗在分段截取、打捆后进行蜡封处理，防止接穗内的水分散失。

（3）接穗存放时间较长时，应选择具有冷藏条件的贮藏室为宜，贮藏温度在 5℃左右。嫁接时，接穗的存放适宜选择阴凉背风处。

2. 嫁接方法

（1）多芽枝“一接双改”高接换头的嫁接方法一般采用插皮接或腹接，插皮接适宜较粗枝头上嫁接；腹接时，对较粗的骨干枝易采用皮下腹接，而对直径在 2.5 厘米以下的则易采用切腹接；接口长度不小于 3 厘米，如接口太短，不利于接穗和砧木间的紧密接触，形成层接触面积小，成活率低。

（2）接后将接口用塑料条缠绕，密封固定，以免接穗移动接口处失水而降低成活率。

（3）对于无适宜嫁接部位的，可以选择主干或骨干枝的适宜部位进行嫁接。接穗与骨干枝的角度应在60~70度为宜。

3. 嫁接时期

一般在春季梨树发芽前或刚发芽时进行，冀东北地区一般在2月底至4月初进行。

4. 适宜品种及树形改造

（1）对于采用的品种要经过实地考察，在深入了解品种特性的基础上确定采用的优良品种，目前，比较适宜的品种为‘黄冠’。

（2）对不良树形的改造，首先应根据预定的适宜树形确定嫁接部位，进而选择插皮接、腹接对原树形进行嫁接改造，为形成规范化的目标树形奠定良好的基础。

三、适宜区域

河北省北部及冀东北地区。

四、注意事项

采用多芽枝高接应注意以下几点：第一，接穗要蜡封，使接穗表面形成一层薄薄的蜡膜，封住接穗表皮气孔和接穗两端切口，减少失水保护接穗。第二，绑缚要牢固。如果绑缚不紧，嫁接枝会因风而发生移动，使成活率下降。第三，高接成活后的当年一般不留果。第四，要加强土肥水管理及病虫防治，保障肥水供给，使其尽早恢复树势、迅速扩大树冠。

采用多芽枝高接换头的梨树，高接后的第二年即可达到高接前30%~50%的产量，第三年即可丰产，是一种深受果农欢迎的多芽枝高接改换品种、改造树形的好方法。

品种：黄冠
树形：纺锤形

第二年结果状

（乐文全　供稿）

云南榅桲梨矮化砧栽培技术

一、针对的产业问题

梨矮化砧木在我国梨的密植栽培中尚未广泛应用，其主要原因是没有适宜的矮化砧木。榅桲是国外在西洋梨上应用的主要矮化砧。陕西以云南榅桲 (*Cydonia oblonga* Mill.) 作为矮化砧，矮化栽培效应显著，表现树体矮小、结果早、丰产、品质优。云南榅桲为梨矮化栽培提供了一种砧木选择。

二、技术要点

培育云南榅桲扦插苗，以云南榅桲作为基砧，以西洋梨品种哈代作为亲和中间砧在其上嫁接梨品种繁殖矮化苗木。选择土壤肥沃、土层深厚的土壤建园，要求土壤有机质含量在 1.0% 以上，土壤含盐量要低于 0.2%。栽培行株距按（2~3）米 ×（1~2）米，1 667~5 000 株 / 公顷。云南榅桲根系浅、固地性差，在树干基部进行培土，加强土肥水管理。榅桲型矮化梨园要严格控制留果量，否则很容易造成树体衰弱。采用主干形整形，树高一般 1.5~2.0 米，干高一般 40~50 厘米，中心干直立，其上直接均匀分布骨干枝 6~8 个，单轴向四周延伸，骨干枝上直接着生结果枝组。在整形修剪过程中要注意榅桲型矮化园树体容易衰弱，一是利用梨树干性强，培养强旺直立的中干；二是要在幼树期等不同阶段多采取短截方法，促使生长，防止树体衰弱。

三、适宜区域

肥水条件较好、气候比较温暖的地区。

四、注意事项

云南榅桲梨矮化砧适宜高密度栽培，品种选择注意生长势强和中等偏旺的品种如‘早酥’、‘红星’等。

云南榅桲梨矮化砧园

（徐凌飞　供稿）

梨树速生快长早结丰产综合配套栽培技术

一、针对的产业问题

梨常规定植方式，开垦建园初期产量、效益提升缓慢，投资回报期长。实践证明，应用速生快长早结丰产综合配套栽培技术，不仅可节省前期建园投资成本，而且定植后树体生长快，进入结果期、丰产期早，可大大缩短投资建园低产低效期。

二、技术要点

1. “假植保育”壮苗技术

嫁接培育健壮 1 年生小苗

（1）选择交通便利、土层深厚疏松肥沃的地块，按 1 米间距开挖深宽各 50 厘米壕沟。

（2）制作深宽各 50 厘米编织袋填装营养土，依次排列在预先开挖的壕沟中，纺织袋间隙用肥土填充。

（3）选择粗壮的 1 年生苗木种于纺织袋中，每袋种 1 株，并留 80~90 厘米定剪。

（4）新梢抽长达 30 厘米，每月浇施以氮肥为主的液态肥。

（5）8~9 月拉枝开张枝角。

1 年生小苗制作营养袋假植 1~2 年成大苗再移栽定植

2.“三保四大”建园技术

按照“三保”：保水、保肥、保土；“四大”：大台、大沟、大肥、大苗标准开垦建园。

3.“先密后稀”定植技术

经假植的大苗带土按（2~2.5）米 ×4 米的株行距定植，5~6 年后间移成常规密度园。

4.“先乱后理”整形修剪技术

对常规种植园按倒伞形或“Y”字形整形，棚架栽培园按架式树形整形。前 3 年除对骨干延长枝进行短截、个别徒长枝疏除外，其余枝条一律轻剪长放，任其开花结果，3 年后及时梳理更新结果枝。

先密后稀计划密植定植方式

幼龄期轻剪长放多留枝整形修剪方法

5. “促花壮果”施肥技术

在秋冬施足基肥的基础上，以促花保果为目标，早施以氮肥为主、氮钾配合的花前肥；以壮果提质为目标，增施以钾肥为主、钾氮配合的壮果肥；以保叶养树为目标，适施以氮肥为主、氮钾配合的采后肥。

6. 病虫综合防控技术

以“三病”（梨褐斑病、梨黑斑病、梨黑星病）“三虫”（梨瘿蚊、中国梨木虱、梨小食心虫）为重点，以农业防治为基础，农业、物理、生物、化学措施相结合，把有害生物发生为害程度控制在允许阈值以内，确保果实、环境食用安全。

三、适宜区域

全国梨产区。

（黄新忠　供稿）

第三篇

花果管理

基于 *S* 基因型的梨树授粉品种选择及配置技术

一、针对的产业问题

梨为典型的配子体型自交不亲和性果树，具体表现为同一品种或具有相同基因型的品种间授粉后，花粉虽然能够在柱头上萌发，但花粉管在花柱向子房方向生长途中受阻而不能完成受精、结实。

二、技术要点

1. 基于 S 基因型选择适宜的授粉品种

通过多年来对梨自交不亲和分子机制的研究和生产实践验证，我们提出生产上授粉品种选择应以其 *S* 基因型为主要依据的观点，*S* 基因型完全相同的品种不能相互授粉，最佳的授粉组合选择应是 2 个 *S* 基因型均不相同，其中，1 个 *S* 基因型不同也能相互授粉。

近年来，本课题组结合 *S* 等位基因 PCR 扩增以及序列测定，已鉴定了 150 份梨品种资源的 *S* 基因型，现列出部分品种的 *S* 基因型（表 1），作为指导授粉品种选择和配置授粉树的科学依据。

表1 72个梨品种资源的S基因型

品种（种）	S基因型	品种（种）	S基因型	品种（种）	S基因型	品种（种）	S基因型
鸭梨	$S_{21}S_{34}$	龙泉酥	S_5S_{22}	翠冠	S_3S_5	伏茄	S_eS_i
八月酥	S_3S_{16}	湘南	S_1S_3	苹果梨	$S_{19}S_{34}$	拉法兰西	S_aS_e
库尔勒香梨	$S_{22}S_{28}$	新杭	S_1S_3	黄金梨	S_3S_4	兰州长把	S_4S_{19}
谢花甜	$S_{29}S_{34}$	火把梨	$S_{26}S_{36}$	金水酥	S_4S_{21}	花长把	$S_{19}S_{22}$
贵德长把	$S_{19}S_h$	山红雪梨	$S_{31}S_{36}$	金水1号	S_3S_{29}	红太阳	S_8S_d
雪花梨	S_4S_{16}	二宫白	S_2S_4	若光	S_3S_4	脆绿	S_3S_4
青皮酥	$S_{34}S_n$	玉水	S_3S_4	青皮脆	$S_{19}S_{31}$	美人酥	S_4S_{36}
黄花	S_1S_2	黄冠	S_3S_{16}	早冠	S_4S_{34}	新梨7号	$S_{28}S_d$
沙-01	$S_{22}S_{28}$	新高	S_3S_9	大慈梨	$S_{17}S_{19}$	红酥脆	S_4S_{36}
白皮酥	S_7S_{34}	安农2号	S_8S_{17}	身不知	S_5S_d	雪芳	S_4S_{16}
满天红	S_4S_{36}	重阳红	$S_{17}S_{22}$	华酥	S_5S_d	雪青	S_3S_{16}
金坠梨	$S_{21}S_{34}$	秋水	S_1S_5	鸭广梨	$S_{19}S_{30}$	八里香	S_2S_{19}
砀山酥梨	S_7S_{34}	华梨1号	S_3S_4	金水3号	S_3S_{29}	葫芦梨	S_aS_b
茌梨	S_1S_{19}	丽江白梨	$S_{22}S_{42}$	辽阳大香水	$S_{16}S_{36}$	华山	S_5S_7
酸大梨	S_3S_{29}	冬蜜	S_1S_{42}	崇化大梨	$S_{11}S_h$	绿云	S_3S_{29}
京白梨	$S_{16}S_{30}$	红霄	$S_{16}S_{19}$	红茄梨	S_2S_{28}	锦香	$S_{34}S_e$
南果梨	S_1S_{34}	黄香	S_4S_{27}	尖把梨	$S_{30}S_{36}$	满天红	S_4S_{36}
花盖	$S_{34}S_d$	宝珠	S_4S_{42}	金川雪梨	$S_{13}S_{36}$	台湾蜜梨	S_1S_{22}

2. 授粉树的栽植

梨园建园时，必须配置适宜的授粉品种，并按照一定的比例和布局进行栽植。除了需要考虑 S 基因型的问题之外，一般还要求授粉品种必须是与主栽品种花期相同，授粉亲和力强，花粉量多且发芽率高，进入结果期较一致，且适应性强、经济价值较高的优良品种。

根据行距的大小，授粉树与主栽品种的比例一般为 1∶4~1∶8。如果授粉品种也是主栽品种则可按等量或半量配置。为保证充分授粉，防止花期不一致或大小年的影响，1 个主栽品种最好配置 2 个授粉品种，也可通过高接换种搭配授粉品种（表 2）。

授粉树和主栽品种的栽植方式可以按照图 1 所示，采用等量式、倍量式、多量式等方式，效果最佳。

表 2　梨主栽品种和适宜的授粉品种

主栽品种	授粉树品种
翠冠	清香、黄花、黄冠、新雅
西子绿	早酥、杭青、黄冠、中梨1号
黄冠	冀蜜、中梨1号、丰水
圆黄	丰水、黄花、雪青
丰水	黄花、新水、砀山酥梨、黄冠
南果	苹果梨、巴梨、茌梨、鸭梨
新高	鸭梨、京白梨、砀山酥梨、丰水
砀山酥梨	茌梨、鸭梨、马蹄黄、中梨1号、黄冠
雪花梨	鸭梨、早酥、冀蜜、黄冠
鸭梨	砀山酥梨、京白梨、金花梨
库尔勒香梨	鸭梨、雪花梨、砀山酥梨、苹果梨
红香酥	砀山酥梨、雪花梨、鸭梨、丰水

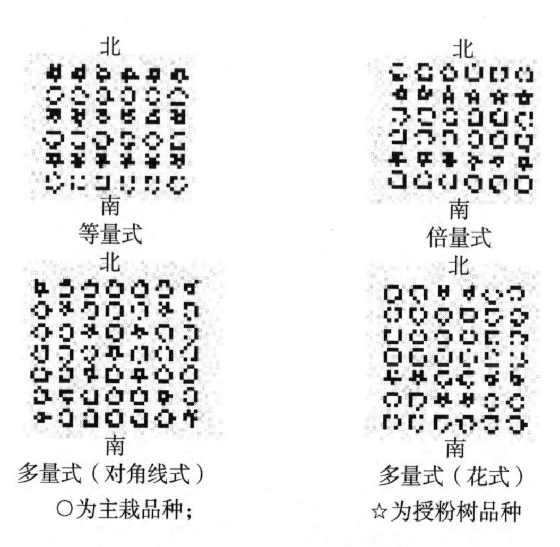

图 1　授粉树配置图

三、适宜区域

全国各地梨产区。

四、注意事项

在选择授粉品种时，还要考虑其花粉量大小、萌发率高低以及与主栽品种的花期是否一致等综合因素。

（吴俊　张绍铃　供稿）

梨花粉的采集与贮藏技术

一、针对的产业问题

梨属于自交不亲和性果树，绝大多数品种须配置授粉树或人工授粉才能获得预期的产量和品质。但在生产、育种和科研上由于花期或者天气原因，常常需要从外地采集、调用花粉，甚至由于花期不遇需要用到前1年贮藏的花粉等；而且不论从梨树栽培、育种还是科学研究方面来说，都需要保持较高的花粉活力。因此，如何在贮藏、运输过程中延长花粉寿命，最大限度地维持花粉活力对梨树生产、种质保存、科研具有重要意义。

二、技术要点

1. 花粉的采集方法

采含苞待放的大蕾期花苞，带回室内，揉搓花朵，使花药与花丝分离，用细孔筛筛下花药。雨后采花或花瓣沾有露时，先晾干再揉搓花朵。花药在温度20~25℃、相对湿度70%~80%、无阳光直射的室内单层摊匀，经1~2天后即可散出花粉。爆出的花粉用石蜡纸分小包包好，每包5厘米 ×5厘米 ×0.5厘米大小，埋入放有变色硅胶的干燥容器中，外用锡纸包扎整齐，以达到干燥遮光的目的。

2. 液氮冻存花粉

根据所藏花粉量的多少来选择大小合适的液氮罐，将包扎好的花粉置于液氮罐内，淹没于液氮。为防止液氮挥发殆尽，贮藏期间内每隔两个月补充一次液氮。采用这种存储方式，花粉存放

1年以上仍然可以达到60%以上的活力。

3. 花粉复苏

待需要使用花粉时，打开罐口，倾倒出罐内的液氮，此时切忌立即将包扎的花粉直接暴露于常温环境中。因为升温太快会导致花粉褐变，使得花粉蛋白酶失活，大大降低花粉活力。应将贮藏的花粉依次在–73℃、–20℃、4℃中分别放置24小时进行逐步苏醒，最后于黑暗环境中恢复至室温，备用。

三、适宜区域

全国各梨主产区均适宜。

四、注意事项

储存期间务必定期检查液氮的体积并及时添加，防止液氮挥发；花粉复苏应当逐步降低贮藏温度，防止升温过快。

（张绍铃　陶书田　吴俊　齐开杰　供稿）

梨树壁蜂授粉技术

一、针对的产业问题

梨树为自花结实率极低的果树，自然授粉主要以昆虫为媒介，而在授粉昆虫中，蜜蜂是最理想的授粉昆虫。中国北方如东北和西北地区，因梨树花期气温低，天气变化无常，蜜蜂群活动受温度影响较大，气温低时活动能力太弱，往往完不成授粉任务。壁蜂具有活动时间早、耐低温、繁殖率高、活动范围小、访花速度快、授粉均匀、授粉效果好、不用饲喂、管理简便等特点，即使在雨天等恶劣天气也能出巢授粉等特点。利用壁蜂进行果树授粉，不仅能有效提高坐果率，使果型端正，增加单果重和果实抗病能力，提高果品产量和质量，而且投资小，方法简便，省工省力，受益时间长，可广泛应用于优质梨、苹果、桃、樱桃、杏、李等果品生产中。

二、技术要点

1. 蜂种的引进与贮藏

于12月至翌年1月引进蜂种，或从巢管中取出蜂茧，清除天敌和杂茧，将蜂茧500头一组放入干燥洁净的广口玻璃瓶中，用纱布封口，置于冰箱冷藏室中(0~4℃)保存，为避免瓶内进水，可倒置。

2. 巢管和巢箱的准备

可用芦苇管和纸管，管长15~17厘米，内径6~7毫米。用芦苇管时一端要留节，另一端开口，口要平滑，并将管口用广告色染成绿、红、黄、白 4 种颜色，比例为 30 ∶ 10 ∶ 7 ∶ 3。风干后把有节一端对齐，50 支一捆，用绳扎紧备用。纸管内用报纸，外用黄板纸或牛皮纸卷成，管壁厚 1~1.2 毫米，按以上比例涂色，50 支一捆，将未涂色一端对齐，涂上胶水用一层报纸和一层牛皮纸封严。胶水和纸一定要干净，无异味。以上两种巢管颜色、高低不一，错落有致。

巢箱主要有固定式和移动式两种。固定式用砖石等原料砌成，移动式主要有木箱、纸箱等。巢箱的长 × 宽 × 高为 30 厘米 ×（25 ~ 30）厘米 ×25 厘米。一面开口，其余各面用塑料薄膜等防雨材料包好，以免雨水渗入。每个巢箱装巢管数量应为放蜂量的 3~5 倍。巢管上放蜂茧盒 (干净的小纸盒即可，一般长 20 厘米、宽 10 厘米、高 3 厘米)，上面留出 2~3 厘米的空间，盒内放蜂茧，纸盒一侧扎 3 个直径为 6.5 厘米的小孔，以便于出蜂。

3. 巢箱的放置和放蜂

巢箱要设置在果园背风向阳、果树株间较开阔的地方，巢箱口朝南或东南，箱底距地面 50 厘米左右。依据壁蜂授粉的有效距离，一般间隔 30 米左右设一箱。在巢箱前面 1 米远处挖一小坑，坑底铺塑料薄膜，坑内放土，用水和成稀泥，供壁蜂产蜜、产卵、筑巢时使用。放蜂期间不要移动巢箱和改变箱口方向，否则影响壁蜂回巢。

在花开前 2~3 天（5% 进入铃铛花期）投放蜂茧，傍晚进行，次日即可开始出蜂。根据气温回升情况，也可采用分批放蜂。放蜂时间宁早勿晚。放蜂期间，每天早晨应检查茧盒，掌握出蜂情况。对未按时出蜂的茧可人工剥茧，强制出蜂。如气候干燥，每日上午可把蜂茧在清水中浸约 20 秒。放蜂数量必须根据梨园实际情况而定，一般盛果期果园每亩放蜂 200~250 头，盛果初期果园每亩放蜂 100~150 头。

4. 回收和保存

花后一周左右把蜂管收回，装在袋里平放，挂在通风良好的闲屋保存好，等到来年使用。

三、适宜区域

全国梨栽培区。

四、注意事项

1. 选择适宜种类的壁蜂

当前人工授粉利用的壁蜂有 3 种：角额壁蜂、凹唇壁蜂和紫壁蜂。其生物学特性有所不同，应根据当地的气候条件选择适宜的壁蜂：

（1）在胶东半岛，3 种壁蜂果园释放后都能正常活动繁殖扩大种群，其中，紫壁蜂繁殖系数较高。

（2）角额壁蜂和凹唇壁蜂用泥筑巢；紫壁蜂嚼烂植物叶片筑巢，在缺水山区更为合适。

（3）3 种壁蜂的活动时期不同，角额壁蜂和凹唇壁蜂活动期较早，抗低温能力强，13~14℃时开始飞行访花；紫壁蜂 15~16℃时方能出巢。

2. 选择适宜规格的巢管

不同种类的壁蜂，其大小不同，选择营巢的巢管内径也不同，内径不适的巢管营巢率很低。有研究表明角额壁蜂选择的巢管内径平均为 0.64 厘米，其中，0.6~0.7 厘米的占 83.3%；凹唇壁蜂的平均为 0.66 厘米，其中，0.6~0.7 厘米的占 82%；紫壁蜂的平均为 0.52 厘米，其中，0.5~0.6 厘米的占 85.9%。

3. 适当配置果树开花前的蜜源植物

果园开花前应准备辅助性开花植物，如在巢箱旁适当栽植白菜、萝卜或播种越冬油菜籽，使脱茧较早的壁蜂能及时得到花粉花蜜供应，不致因飞出后四处觅食造成丢失。

4. 注意巢箱防雨保护和壁蜂天敌的防治

安全起见，可在巢箱加设防雨棚顶。壁蜂在田间的主要天敌是蚂蚁。如果风沙不大的情况下可以在蜂巢支柱上涂抹凡士林，阻止蚂蚁爬行或者试用毒饵防治。方法是：花生饼 1 份，猪油渣、蔗糖各 0.5 份，敌百虫 1/10 份混合成毒饵。巢箱旁边撒 20 克，用瓦片盖住，以防雨淋和壁蜂接触，7 天后再撒 1 次。

巢箱的放置

5. 果园使用农药错开放蜂期

壁蜂对多种杀虫剂敏感。如果在果树萌动至开花前这一时期需要使用杀虫剂，应适当提早打药至放蜂前半个月。花后传粉结束，尽量推迟使用杀虫剂时间，以利壁蜂繁殖。

（王然　曹玉芬　田路明　马春晖　董星光　供稿）

梨树液体授粉技术

一、针对的产业问题

针对梨自然授粉受气候条件影响大，而人工辅助授粉存在用工多、成本高等问题，同时针对长期以来果树液体授粉中花粉不能均匀溶于水、花粉容易黏附容器壁、花粉堵塞喷头以及喷粉不均造成授粉效果差，无法真正应用的实际问题，通过试验研究和生产实践验证，提出了有效的梨树液体授粉技术。

二、技术要点

1. 花粉的采集

选择大蕾期的梨花，采下后用冰盒带回，将花药剥下，在25℃干燥条件下放置一昼夜，待花粉从花药中完全爆出后过筛，去掉花药残渣，将其用硫酸纸分小包包装，并放入硅胶中保存备用。同时需要检测花粉萌发率。

2. 配制梨液体授粉营养液（图1）

以0.04%的黄原胶作为花粉分散剂，以蔗糖作为主要的渗透调节剂，选取硼酸和硝酸钙两种促进花粉萌发的物质作为营养液的主要成分。最适宜的花粉活力保存和萌发的液体营养液为：15%蔗糖+0.01%硼酸+0.05%硝酸钙+0.04%的黄原胶。

（1）营养液的配制：先将黄原胶用沸水充分搅拌溶解后再冷却至室温，然后依次加入蔗糖、硝酸钙和硼酸搅拌，使其充分溶解，最后加入花粉，迅速搅拌，使其在溶液中分散均匀。

（2）花粉溶液：比较试验结果表明，达到最高坐果率的最适花粉浓度为 0.8 克 / 升，坐果率比自然授粉高 10%~20%。

3. 授粉方法（图 2）

可用普通喷壶、普通压力式喷雾器和电动式静电喷雾器进行授粉，以电动式静电喷雾器每亩花粉用量和授粉时间最少，为推荐的喷雾器械。

A：用沸水溶解黄原胶

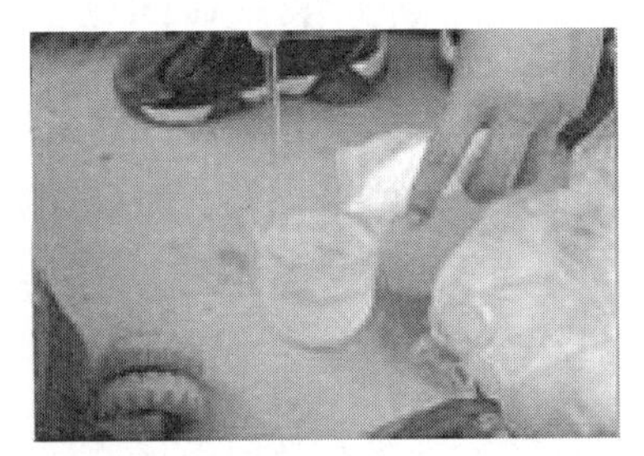

B：冷却后加入蔗糖、硝酸钙和硼酸

C：加入纯花粉

D：搅拌使花粉分散均匀

E：将配好的授粉液加入喷雾器

图 1　授粉液配制方法

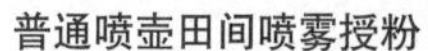
普通喷壶田间喷雾授粉　　普通压力式喷雾器田间授粉

图 2　电动式静电喷雾器田间喷雾授粉

三、适宜区域

全国各地梨主产区，特别适用于替代人工点授，提高效率，减少人工投入。

四、注意事项

1. 花粉长期储存需埋置在硅胶中，且需低温冷藏，可储存 1 年以上；花粉萌发率低于 20% 不能用于授粉。

2. 授粉液配制时，务必使黄原胶完全溶解，且溶解后冷却至室温才可以依次加入蔗糖、硝酸钙和硼酸搅拌溶解。

3. 授粉液尽量现配现用。

（张绍铃　陶书田　齐开杰　供稿）

苹果梨人工辅助授粉技术

一、针对的产业问题

针对寒冷地区不少梨产区不配置授粉树的情况，提出花粉采集方法和保存方法，虽然人工授粉存在用工多、成本高等问题，但在没有授粉树的前提下人工授粉是提高坐果率的最有效方法之一。

二、技术要点

‘苹果梨’是异花授粉品种，无授粉树或授粉树不足果园，必须进行人工辅助授粉。

1. 采花时期

参照上述“梨花粉的采集与贮藏技术”的方法进行。

2. 采花品种

选择与‘苹果梨’亲和力较强的品种，如‘早酥’、‘延香’、‘谢花甜’、‘朝鲜洋梨’等。

3. 花粉采集方法

采完的花应及时用打花机脱粒花药，脱粒花药的机器转速不要超过 900 转 / 分，脱粒的花药及时用筛子筛出杂物。将精选好的花药摊在光滑的纸上，厚度不要超过 2 毫米，置于干燥、通风、温度在 23~26℃的屋里阴干，不要在太阳光下暴晒，花药经 26~28 小时自然开裂，散出花粉，当花药全部开裂干燥后装入纸袋备用。

打花机

筛花药滚筒筛

铺花药机

4. 花粉贮藏

阴干的花粉装在小纸袋中，每袋100~250克包装，将包装好的花粉放入冰柜中保存，温度控制在－20℃，授粉前两天可以保存在冰箱，温度应控制在0~2℃。

冰柜里花粉保管状

5. 授粉工具和方法

使用鸡毛授粉器授粉。用1.5米左右的细木条，一段绑上鸡腹部细毛，呈刷状，将花粉放入贴牛皮纸的罐头瓶中，放入50克左右。用鸡毛授粉器，将蘸有花粉的鸡毛授粉器在花朵上轻轻点一点，蘸一次粉可点授15~20个花序。1公顷约用0.75千克粗花粉（2万千克果用1千克粗花粉，约0.2千克精花粉）。

授粉工具

使用鸡毛授粉器授粉

人工授粉

6. 授粉时期和次数

授粉时把握好气候变化，选择晴朗、无风或少风的天气。从开花 30% 以上开始授粉，授粉次数应 2~3 次（开花后 1~3 天内授粉效果好）。连续阴天时，授粉时期可以延长到 5~6 天。

三、适宜地区

‘苹果梨’产区。

四、注意事项

花芽少或花少的年份增加授粉次数 2~3 次，以确保坐果率。

（朴宇　供稿）

梨树疏花疏果技术

一、针对的产业问题

在授粉良好的情况下，多数梨品种坐果率较高，容易实现丰产。但坐果过多，果实品质下降，劣质果多，优质果少，果实商品性降低，效益反而不好。同时由于树体营养消耗过度，还会造成花芽分化不良，叶片早落，甚至开“二次花”。因此，在花量大、坐果过多、树体负载过重时，应加强疏花疏果。

二、技术要点

1. 留果标准的确定

在保证产量和质量的前提下，一株梨树能负载多少果实，应根据历年产量、树势、枝叶数量、树冠大小等情况综合考虑。确定梨树适宜的留果量有以下几种方法（图 1）。

（1）叶果比法：最科学的是按叶果比指标，一般每个果实需配 25~30 个叶片，但因品种、栽培条件不同，适宜的叶果比有差异。如‘鸭梨’、‘香水梨’等适宜的叶果比为（20~25）：1，‘茌梨’、‘雪花梨’和‘二十世纪梨’等为（25~35）：1，西洋梨等小叶片品种叶果比为 50：1。盛果期的梨树，中、大果型品种 30~35 个叶片留 1 个果，小果型品种 25 个叶片留 1 果。叶果比法虽科学，但生产上应用起来还有一定困难。

（2）干截面积法：对于成龄梨树，主干横截面积大小可以反映梨树树体对果实的负载能力，测量主干距地面 20 厘米的周长，利用公式干截面积（平方厘米）= 0.08 × 干周（厘米）×

干周（厘米），计算出干截面积，再按大果型每个平方厘米留1.5~2个果，小果型每个平方厘米留3.5~4个果的标准确定留果量，然后在留果量的基础上乘以保险系数1.1，即为实际留果量。

（3）果实间距法：果间距法更为直观实用。中型和大型果每序均留单果，果实间距为20~30厘米；小型果15~20厘米留一果。高标准梨生产果间距可适当放宽。

（4）看树定产法：依据本园历年的产量、当年树势及肥水条件等估计当年合适的产量(如一般成年梨园亩产2 000~2 500千克)，然后根据品种的单果重和预计产量，算出单株平均留果数，再加上10%的保险系数，即可估计出实际留果量。

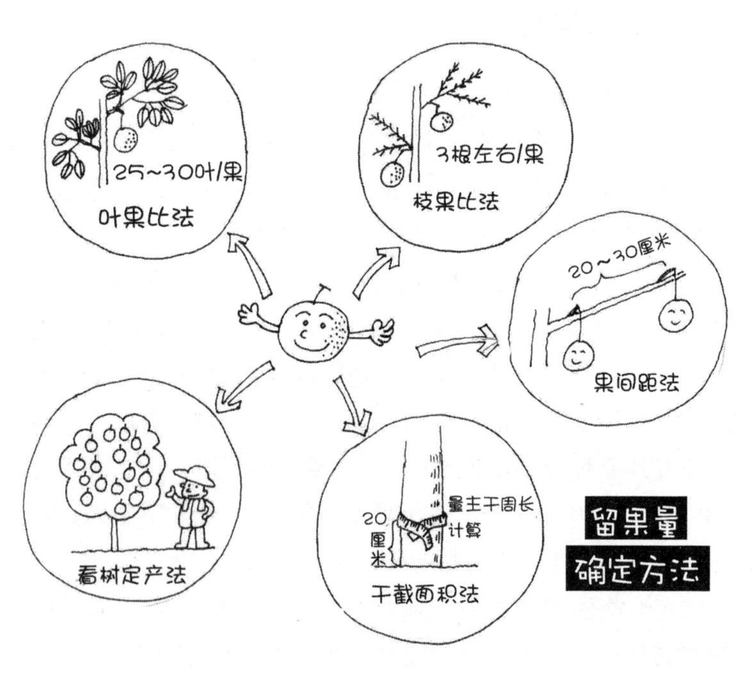

图1　留果量的确定方法

2. 疏花疏果技术

疏花疏果包括疏花蕾、疏花和疏果。从节省养分的角度看，晚疏不如早疏，疏果不如疏花，疏花不如疏蕾。但实际应用中，要根据当年的花量、树势、天气及授粉坐果等具体情况确定采用适宜的疏花疏果技术。如花期条件好、树势强、花量大、坐果可靠的情况下，可以疏蕾和疏花，最后定果；反之，则宜在坐果稳定后尽早疏果。

（1）疏花蕾：冬季修剪偏轻导致花量过多时，蕾期进行疏蕾，既可以起到疏花作用，又不至于损失叶面积（图 2）。疏花蕾或花序标准一般按 20 厘米的果间距左右保留一个，其余全部疏除。疏蕾时应去弱留强，去小留大，去下留上，去密留稀。疏蕾的最佳时间在花蕾分离前，此时花柄短而脆，容易将其弹落。方法是用手指轻轻弹压花蕾即可，工效较高。疏花蕾后果台长出的果台副梢当年形成花芽，可以“以花换花”。

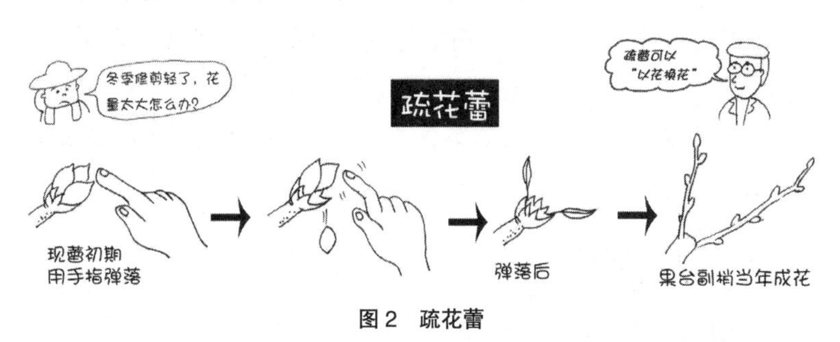

图 2　疏花蕾

（2）疏花：来不及疏蕾时可以进行疏花，但由于梨花量大，花朵之间相互重叠，而且开花前后花梗已较长，操作起来不及疏蕾方便。疏花的方法是留先开的边花，疏去中心花。

（3）疏果：一般在落花 15 天左右开始，越早越好。早熟品种和花量过大的梨园，要适当提前疏果，以减少树体养分消耗。疏果时按一定的果间距进行，选留适宜的果序留果（图 3）。

同时，梨为伞房花序，每个花序共有5~7朵花，疏果时选留第2~4序位的果为宜，因为第1序位果成熟早、糖度高，但果小，果形扁；第5~7序位的果晚熟、糖度低。

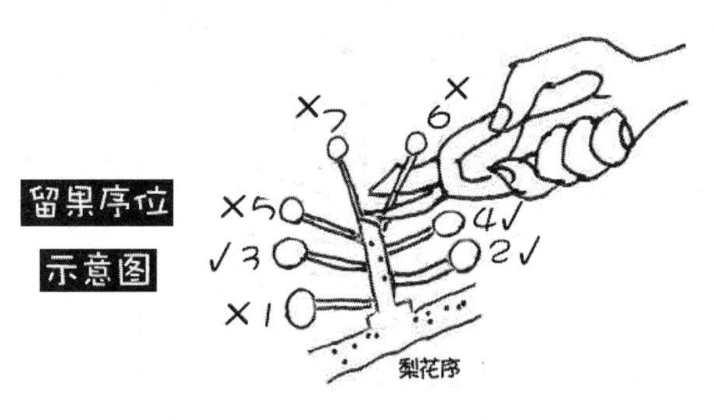

图3　留果序位示意图

疏果要用疏果剪，以免损伤果台副梢。疏果时疏除小果、畸形果、病虫果、密挤果。树冠内膛，下部光照差，枝条生长弱，叶片光合能力低，应少留；树冠外围和上部生长势强，光照良好应多留。疏果顺序为：先疏树冠上部、内膛部位，后疏树冠外围、下部。两次套袋的绿皮梨，为便于套袋，谢花后10天即可开始疏果。

三、适宜区域

全国各梨主产区。

四、注意事项

实际应用中，要根据当年的花量、树势、天气及授粉坐果等具体情况确定采用适宜的疏花疏果技术。

（张绍铃　陶书田　齐开杰　吴巨友　供稿）

果实套袋技术

一、针对的产业问题

果实套袋是实现梨果优质安全生产的重要技术措施，其优点主要表现在可改善梨果实外观品质，减少果锈和裂果，降低果实病虫害和农药污染，减少采收机械伤，提高果实的贮藏性。但袋型选择不正确、套袋时间过早或过晚等不规范的套袋技术，可能会加重黄粉蚜、康氏粉蚧的发生等起到相反的效果。

二、技术要点

1. 果袋的筛选

目前，市场上所用的果袋种类繁多，不同果袋套袋后的效果差别也很大，要注意选择优质果袋。优质果袋除具备经风吹雨淋后不易变形、不破损、不脱蜡、雨后易干燥的基本要求外，应具有较好的抗晒、抗菌、抗虫、抗风等性能以及良好的密封性、透气性和遮光等性能。质量低劣的果袋易破损，造成果面花斑，并导致黄粉蚜、康氏粉蚧等害虫入袋为害。

根据生产需求，不同皮色品种类型的果实套袋选择也应遵循一定的原则，对于绿皮梨的生产，由于需要光合作用保证果皮青绿，一般采用较为透光的果袋；对于需要着色的红皮梨，一般采用不透光果袋，并于采前适当时期摘袋，以便于着色；而褐皮梨品种对果袋的要求不高（图 1）。

果袋的选择

	果袋的种类	套袋后果皮颜色
褐皮梨	外黄内黑双层袋	褐黄色
绿皮梨	外黄内黄果袋或 先套小白袋再套外黄内白袋	淡绿色
	外灰中黑内无纺布三层袋	白色
红皮梨	外黄内黑或 外黄内红袋	(采前15天摘袋) 红色

图1　果袋的选择

2. 套袋技术

(1)套袋前的准备

①喷药：套袋前，要在果面上彻底喷洒杀菌、杀虫剂（图2）。杀菌剂可选用70%甲基托布津可湿性粉剂1 000倍液、80%代森锰锌可湿性粉剂（大生M-45）800倍液；杀虫剂可选用10%吡虫啉可湿性粉剂2 000倍液。套袋前喷药最好选好粉剂和水剂，不宜使用乳油类制剂，更不宜使用波尔多液、石硫合剂等农药，以免刺激幼果果面产生果锈。套袋前喷药重点是喷洒果面，药液喷成细雾状均匀散布在果实上，喷头不要离果面太近，压力过大也易造成果面锈斑或发生药害。喷药时若遇雨天或喷药后5天内没有完成套袋的，应补喷1次药剂再套袋。喷药后待药液干燥即可进行套袋，严禁药液未干套袋。

图 2　套袋前的喷药

②潮袋：对于纸质较硬、质地较好的果袋，为避免干燥纸袋擦伤幼果果面和损伤果梗，要在套袋前 1~2 天进行“潮袋”，将袋口入水深一些，蘸水后用塑料包严，套果时一次不要拿太多果袋，以免纸袋口风干而影响套袋操作（图 3）。

图 3　潮袋

（2）套袋的时间与方法

①套袋时间：疏果后即可套袋。套袋时间因品种而异，一般套一次大袋的，应在谢花 20 天开始，谢花后 45 天内结束，越早越好。果袋的透光率较低，过早套袋会影响果实的发育，而且由于果梗木质化程度低，起大风时易引起落果。过晚套袋则果皮转色较晚，外观色泽较差。同一园区梨园套袋，应先套绿皮梨品种，再套褐皮梨品种。绿皮梨大小果分明，疏果完成后就应着手套袋，褐皮梨套袋可稍晚些。对一些易生锈斑的绿皮梨品种如翠冠等，为减轻锈斑的发生，可套两次袋，即谢花后 15~20 天套小袋，其后再过 30~40 天套大袋（图 4）。

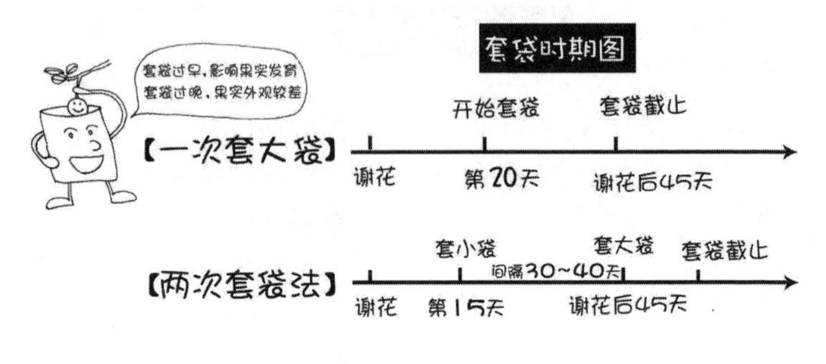

图 4　套袋时期

②套袋方法：一般先套树冠上部的果，再套树冠下部的果，上下左右内外均匀分布。通常应整个果园或整株树套袋。套袋时，先把手伸进袋中使袋体膨起，一手抓住果柄，一手托袋底，把幼果套入袋中，将袋口从两边向中部果柄处挤摺，再将铁丝卡反转 90 度，弯绕扎紧在果柄或果枝上。套完后，用手往上托袋

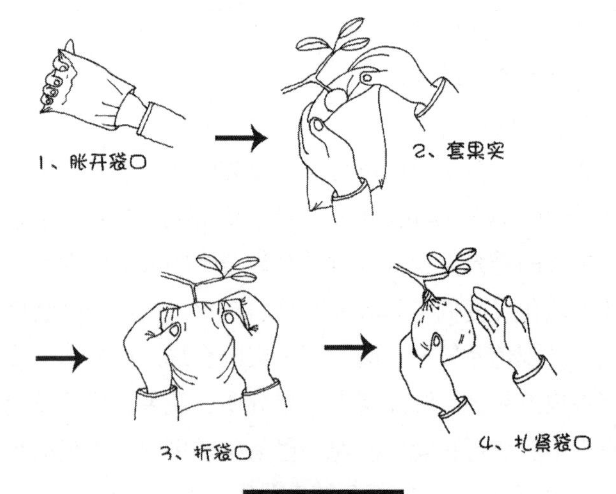

图 5　果实套袋方法

底，使全袋膨起来，两底角的出水孔张开，幼果悬空在袋中。一定要把袋口封严，若袋口绑扎不严，会为黄粉虫、康氏粉蚧等害虫入袋提供方便，同时也会使雨水、药水流入袋内，造成果面污染，影响外观品质（图 5）。

（3）摘袋时间和方法。

①摘袋时间：绿色、褐色梨品种可连袋采摘。对于在果实成熟期需要着色的红色梨品种，应根据品种特性或产地的生态条件在采收前适当时期进行摘袋处理，以便果实着色（图 6），如栽植于云南的‘美人酥’，采果前 10 天去袋即可使果实良好着色，若脱袋过早，果面返绿，着色不好；脱袋过晚则着色淡。摘袋应选择晴天，一般 8 : 30~11 : 00，摘除树体西南方向的果袋；下午 3 : 00~5 : 00，摘除树体另外方向的果袋。也可先撕开袋底通

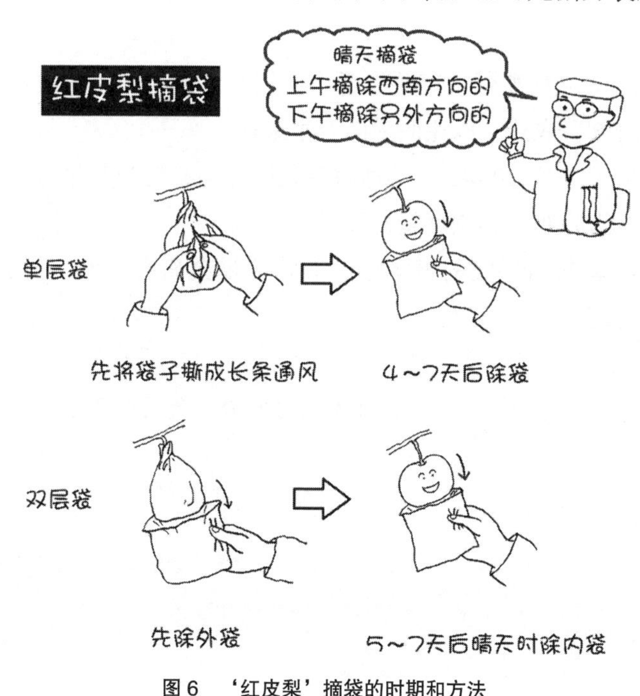

图 6　‘红皮梨’摘袋的时期和方法

风，1~2 天后再全部脱去果袋，对双层内黑袋等透光性差的果袋尤应注意，以防脱袋后发生日灼，阴天可一次性脱袋。

②摘袋方法：对于单层果袋，首先打开袋底通风或将纸袋撕毁成长条，4~7 天后除袋；摘除双层袋时，为防止日灼，可先去外袋，将外层袋连同捆扎丝一并摘除，靠果实的支撑保留内层袋。土壤干旱的果园注意摘袋前先浇 1 次水，以防果实失水。

三、适宜区域

全国各梨主产区。

四、注意事项

1. 根据不同梨品种果实的特性，选择适合的、质量好的果袋。

2. 套袋前喷药一定要注意不使用乳油类制剂以及波尔多液、石硫合剂等农药，以免使果面产生果锈。

3. 在花后 20~45 天的适宜套袋时间内，应当尽早完成套袋，太早或太晚则会影响套袋的效果。

4. 套袋后果实的可溶性固形物含量会略有降低，要加强土肥水管理。

（张绍铃　陶书田　吴俊　吴巨友　供稿）

一次套袋法去除或减轻‘翠冠’梨果面锈斑的技术

一、针对的产业问题

‘翠冠’梨是我国南方广为栽植的早熟梨品种，在成熟期、果实大小和内在品质方面具有明显的综合优势。但成熟时该品种果面常常有褐色锈斑覆盖，严重影响果实的商品性。目前，生产上利用两次套袋技术可以消除或减轻锈斑，但套袋成本较高，而且果实糖度下降 1.5 度以上。

二、技术要点

盛花后 15 天左右按照常规要求疏果，疏果后立即套蜡质白色果袋。套袋时间不晚于盛花后 4 周。果袋的大小为 12.5 厘米 ×15 厘米左右，纸质要求透光、防水。该纸袋委托山东青岛小林制袋有限公司生产，果袋代号为 NK-15。试验表明这种技术可以使 88% 的果实达到少锈或无锈，显示了良好的除锈效果，而且与两次套袋相比，成本降低 60% 以上。

一次套袋的效果（右图中有锈斑的果实为没有套袋的果实）

三、适宜区域

‘翠冠’梨产区。

四、注意事项

利用套袋技术消除或减轻‘翠冠’梨锈斑是一项综合技术。过分强调果袋的作用，而忽视其他的管理，如套袋前喷施农药的种类和方式，氮肥肥效推迟发挥等都可能会影响这项技术的除锈效果。

（滕元文　供稿）

赣东地区二次套袋改善‘翠冠’梨果实外观技术

一、针对的产业问题

在赣东地区，‘翠冠’梨成熟早、可溶性固形物含量高、汁多味甜、果肉松脆细嫩，多年来深受消费者喜爱。一般年份由于4~6月雨水较多等原因，如‘翠冠’梨果实不套袋或套袋方法不当，则果面常出现锈斑，影响其商品价值。用常规的一次套袋（如外黄内黄双层袋、外黄内白双层袋、外黄内黑双层袋、外黄内红双层袋等）仍然不能较好地改善‘翠冠’梨果实的外观，往往果面着色不匀或有部分锈斑。若二次套袋方法得当，可使‘翠冠’梨果面为绿色、绿白色、黄白色，无锈斑或极少锈斑，且较未套袋果果面光滑，二次套袋技术明显改善了‘翠冠’梨果实外观。

二、技术要点

在赣东地区，二次套袋改善‘翠冠’梨果实外观的技术要点：

1. 疏果

在盛花后20~25天完成。尽量留强壮枝上的果，一般每个长枝上隔20厘米留一果，留花序中第三到第五朵花结的果实果柄较长、果形端正、果面光滑、无病虫害、无枝叶擦伤的一个果。疏除病虫果、枝叶擦伤果。在疏果时，要顺带除去附着在果蒂周围的花瓣、萼片等。盛果期的‘翠冠’一般每亩留果量在9 000~10 000个。

2. 喷杀虫剂、杀菌剂

在对果实套袋之前，及时全面地对全园喷杀虫剂加杀菌剂 1 次。注意：可使用粉剂或水剂农药，不可使用乳剂农药，也不可使用波尔多液。可用 70% 甲基托布津可湿性粉剂 800~1 000 倍 +10% 吡虫啉可湿性粉剂 3 000~5 000 倍，或 70% 甲基托布津可湿性粉剂 800~1 000 倍 +20% 啶虫脒可湿性粉剂 8 000~10 000 倍。药剂干后即可套袋。若 3 日内没有结束套袋，则应对未套完的果实再喷杀虫剂加杀菌剂一次后，再继续套袋。

3. 套袋

第一次套袋：套大小为 105 毫米 × 75 毫米 的小白纸袋，于盛花后 20~25 天，按照从上到下、由外及内的顺序进行。套袋前湿润袋口，套袋时注意让袋角的通气放水孔张开、袋体鼓起、梨果悬于袋中央，扎紧袋口。

第二次套袋：套大小为（18.5~19）厘米 ×（15~16）厘米的纸袋，于盛花后 45~60 天进行。第一次套的小白纸袋保留，不用去除。若期望采收时果面为绿色、绿白色果，则可用外黄内黄或外黄内白双层两色袋；若期望采收时果面为黄白色果，则可用不透光的果袋。套袋顺序为：从上到下、由外及内。套袋前湿润袋口，套袋时注意让袋角的通气放水孔张开、袋体鼓起、梨果悬于袋中央，扎紧袋口。

三、适宜区域

江西省东部地区。

四、注意事项

1. 适时疏果

在盛花后 20~25 天疏果，每根长枝上间隔 20 厘米留一个果，每个花序原则上只留一个果。

2. 套袋前喷药

在套袋前及时全园喷洒杀虫剂加杀菌剂，一定要弄清楚两种农药能否混合使用及施用浓度。第一次、第二次套袋前均应全园喷药。

3. 选择在晴天或阴天露水干后进行，雨天、雾天不宜套袋

套袋前湿润袋口，套袋时要使袋角的通气放水孔张开、袋体鼓起、梨果悬于袋中央，扎紧袋口。

盛花后 20~25 天套小白袋

盛花后 45~60 天套大袋

二次套袋的‘翠冠’梨果实

（周超华　供稿）

‘南果梨’套袋技术

一、针对的产业问题

‘南果梨’以其果色鲜艳，果肉细腻，酸甜适口，汁多味浓，香气浓郁而闻名，辽宁现有栽培面积120万亩，产量40万吨，成为许多乡镇农村经济发展的支柱产业。‘南果梨’果面着色情况极大影响‘南果梨’的外观品质和销售价格，着色好的果实市场价格远远高于着色差的果实。常规管理条件下，‘南果梨’着色较难，果面只有10%左右着色或有红晕，因此如何提高着色指数成为‘南果梨’栽培实用技术之一。近年来的研究发现，采用套袋技术，能明显提高‘南果梨’果实的着色，市场售价提高3倍以上，显著地提高了种植‘南果梨’的经济效益。

二、技术要点

1. 园地选择及树体管理

适宜套袋栽培的‘南果梨’一般选择山地果园，树体生长良好，树势较健壮，通风透光条件好。树形一般为开心形、小冠疏层形或改良纺锤形，这样的树形光照充足。套袋前要进行疏果，每个花序只留一个单果，使全树负载合理，保证树体生长良好。

2. 套袋前喷药

套袋前3天内要对进行套袋的树进行全树喷药，防治梨黑星病、白粉病、梨木虱、桃小食心虫、梨小食心虫及黄粉蚜等。主要可选药剂有福星8 000倍或10%苯醚甲环唑3 000~5 000倍液加 10% 甘露糖醇钙 2 000 倍液，10% 吡虫啉可湿性粉剂 1 500 倍液或 20% 阿维吡虫啉 8 000 倍液，50% 毒死蜱 1 000 倍液加 40% 腈菌唑 8 000 倍液或高效氯氟氰菊酯 800 倍，80% 代森锰锌 700 倍液或 70% 甲基托布津 1 000 倍，喷药后若遇雨需重新喷药，待药干后即可套袋。

3. 纸袋的选择

纸袋的选择尤其重要，一般情况下选择双层纸袋为好。经过近几年的试验表明，外层木浆纸内层黑色疏水纸的双层纸袋套袋效果较好。纸袋大小要适中，一般可选择 150 毫米 ×180 毫米规格的纸袋。纸袋不能过小，小纸袋紧贴果面，易使果面产生日烧现象。

4. 套袋时间及方法

套袋时间对‘南果梨’套袋效果有很大影响。‘南果梨’属于小型果，套袋过早，严重影响果实重量，且有可能使果面果锈增加，或者造成果实畸形；套袋过晚，则影响果实褪绿。套袋时间在花后 60~80 天适宜，辽宁鞍山及海城地区为 6 月末 7 月初。经试验表明，果实在纸袋中的时间不能短于 40 天。

应选择向下的、果柄较长的果实进行套袋；套袋时将果袋上的铁丝绑在果台枝或较硬的枝上，不要将铁丝捏在果柄上，造成落果，袋口一定要扎紧，防止害虫和雨水进入。

5. 摘袋时间及方法

摘袋时间在采收前的 7~10 天进行，选择阴天或光照比较弱的天气，一天中的摘袋时间为上午 9 点前和下午 3 点后，摘袋时可将果袋一次性除去，摘袋3天后可将果实周围遮光的叶片进行摘除。

套袋‘南果梨’与未套袋果实对比

套袋栽培‘南果梨’结果枝

三、适宜区域

辽宁省鞍山市、海城市、辽阳市等南果梨优势产区。

四、注意事项

1. 栽培上，配合套袋一定要给树体创造良好的通风透光条件。

2. 根据多年田间观察，摘袋时间要与气候条件相协调，可根据具体天气状况适当调整。在阴雨、闷热天气条件下，摘袋后‘南果梨’很难上色；气候干燥、昼夜温差大有利于摘袋后着色。

3. 采收期也影响‘南果梨’着色。采用套袋栽培的果实采收过早果实很难着色，进入9月后，部分果农为了抢市场行情，将‘南果梨’采收期提前，严重影响了‘南果梨’的品质。

（李俊才　供稿）

‘苹果梨’着色套袋栽培技术

一、针对的产业问题

近年来，由于肥料和农药等多种原因，生产出的‘苹果梨’果皮粗糙、果点大而多、果实外观质量差，严重影响其商品性，制约‘苹果梨’产业的发展，为了打开高端市场，减少农药残留，提高经济效益，应进行苹果梨套袋栽培。

二、技术要点

1. 套袋前的准备

（1）树体选择：选择树势健壮，外围新梢平均长 35 厘米以上的树，不要选择衰老树，因衰老树长势弱、果小，达不到生产大而美的果实目的。

（2）合理冬剪：‘苹果梨’套袋效果好的部位为主枝中部向上和平斜的强壮短果枝以及侧生的中果枝，所以整形修剪的重点应是开张主枝角度使之达到 70 度左右，减少直立过旺枝的发生，冬剪时疏除内膛的徒长枝和过密枝、主枝背上的徒长枝，适当修剪主枝的延长枝，重叠或下垂的结果枝要及时疏除或回缩，枝叶留量应少于不套袋园。

（3）疏果：疏果从谢花后 15 天开始 25 天内完成（图 1，图 2）。疏除畸形果、病虫果、伤果、小果。幼树 15~20 厘米留一个果，老树 20~25 厘米留一个果，叶果比（25~30）：1。

（4）纸袋的选择：双层纸袋规格宽 15.5~16.5 厘米，长 17.5~18.5 厘米，外层纸袋外面黄色，里面黑色，内层为红色透光蜡袋。

图 1 ‘苹果梨’疏果前

图 2 ‘苹果梨’疏果后

2. 套袋前后病虫害的防治

（1）刮树皮：刮除腐烂病斑和大枝上的老树皮，在腐烂病病斑上涂 20 倍腐必清液。2~3 月，要仔细刮除树干及枝杈上的粗皮，以减少越冬虫的基数；降低虫口密度。

（2）花芽开绽期、花序分离期、落花后，应以黑星病、梨木虱、红蜘蛛等病虫害为主要防治对象进行综合防治。可用 3 波美度石硫合剂或齐螨素 1.8% 乳油 4 000~5 000 倍液等农药进行防治。

（3）6 月初（康氏粉蚧卵孵化完）要以防治康氏粉蚧为主，可喷布 25% 蚧毒氯 2 500 倍液，兼治黑星病，喷布杀菌剂，如：40% 氟硅唑 8 000 倍液或 20% 苯醚甲环唑 8 000 倍液。如套袋时间过长或套袋期间遇有较大降雨时，应对套袋树喷布第二次杀菌剂，控制病菌为害后再套袋。

（4）7 月 10 日前后再次进行康氏粉蚧和黄粉蚜的防治。这两种害虫对套袋果的为害最大，防治康氏粉蚧可喷布 25% 蚧毒氯 2 500 倍液，防治黄粉蚜可喷 20% 吡虫啉 4 000~6 000 倍液。

（5）要注意对梨木虱的防治：梨木虱在通常情况下不直接为害果实。但叶片上梨木虱分泌的黏液在袋外或经雨水冲刷至袋内后，会造成袋内果面黑斑。因此，套袋果园必须及早防治梨木虱，可喷施 2% 齐螨素 4 000 倍液或 2.5% 高效氟氯氰菊酯 2 000~2 500 倍液。

3. 套袋时间和方法

（1）套袋时期：套袋的最佳时期为盛花后 25~40 天（6 月中旬至 7 月初），此时进行套袋，既不影响外观，又不易掉果。

（2）套袋方法：套袋前用手持小型喷雾器在袋口处喷水雾，使袋口湿润，以利套袋和扎严袋口。套袋时每人准备一个背袋，挂在脖子上，用于存放果袋。选定果实后，先撑开袋口，托起袋底，使袋体膨起。手执袋口 2~3 厘米处，套上果实后，从中间向两侧依次按“折扇”的方式折叠袋口，在离袋口 1.5~2 厘米处，横放捆扎丝，沿袋口旋转一周扎紧袋口（图 3）。

图 3 ‘苹果梨’套双层袋

图 4　解除外层袋

4. 解袋时间及方法

为了使‘苹果梨’果面更好地着红色，在采果前 15~18 天解外层袋，3 天后再解内层袋，解内层袋在上午 10 点以前或下午 3 点以后，以免果面产生日烧（图 4~6）。

图 5 解除内层袋

图 6 着色后‘苹果梨’

三、适宜区域

‘苹果梨’产区。

四、注意事项

1. 套袋人员不要用力触摸果面，幼果入袋时，可手执果柄操作，防止人为造成“虎皮”果面。也不要拧幼果，防止幼果落地。

2. 套袋时一定要在不损伤果柄的前提下把袋口扎紧扎严、防止黄粉蚜、康氏粉蚧进入袋内，为以后的防治带来困难。

3. 套袋果比不套袋果降低可溶性固形物 1% 左右，所以必须配合使用钾肥，钾肥的使用量为氮肥使用量的 50%~70%，另外比不套袋果晚摘 5~7 天，弥补因套袋降低可溶性固形物的影响。

（朴宇 供稿）

果实体积的简易、快捷测定方法

一、针对的产业问题

由于果实形状的不规则性，在实际生产中很难对果实体积的发育情况进行测定。目前在科研和生产中，都缺少一种可以快速、准确的测定形状不规则的果实体积，并且能够直接实时测定生长中果实体积的变化（即果实不需要从树上摘下来测定）的新方法。本方法的提出，可以有效解决果实形状不规则的问题，并实现单个果实无损的整个发育过程监测。

二、技术要点

1. 所需工具

100 毫升（1 毫升）量筒，250 毫升烧杯，100 毫升容量瓶，50 毫升容量瓶，25 毫升容量瓶，5 毫升移液枪，水平仪。

2. 操作步骤

（1）室内曲线标定

①先在烧杯和量筒中各加入一半的水，然后用一根不漏气的橡胶管把它们连起来制成一个连通器（橡胶管必须充满水），当水平仪中的小气泡在中央，同时烧杯和量筒中液面相平时，记下量筒中的初始刻度值 V（图 1）。

②用 5 毫升的移液枪分别加水 5 毫升、10 毫升、15 毫升、20 毫升于烧杯中，并且读出在量筒中与其相对应的液面升高的刻度值，重复 3 次，算出各平均值 V_1、V_2、V_3、V_4；用水定容 25 毫升、50 毫升、100 毫升的容量瓶，然后分别加入到烧杯中，

读出在量筒中与其相对应液面升高的刻度值，重复3次，算出各平均值 V_5、V_6、V_7；期间若是烧杯中的水快要满的时候将其倒出一部分，以免影响读数。

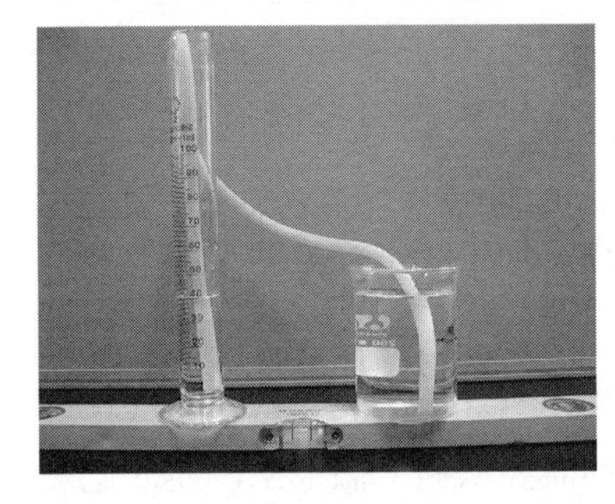
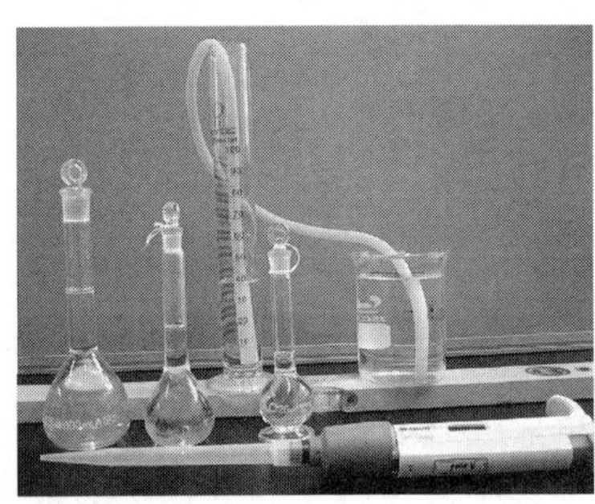

图1 室内曲线标定装置

③将上述加入到烧杯中5毫升、10毫升、15毫升、20毫升、25毫升、50毫升、100毫升的水，与其所对应的 V_1、V_2、V_3、V_4 、V_5、V_6、V_7 变量通过Excel软件分析会得到一条直线即 $y=ax+b$ 与相关系数。

（2）室外梨果体积测定

①用胶带将烧杯、量筒固定在水平仪上，先在烧杯和量筒中各加入一半的水，然后用一根不漏气的橡胶管把它们连起来制成一个连通器（橡胶管必须充满水），当水平仪中的小气泡在中

图2 组装连通器

图3 测定果实体积

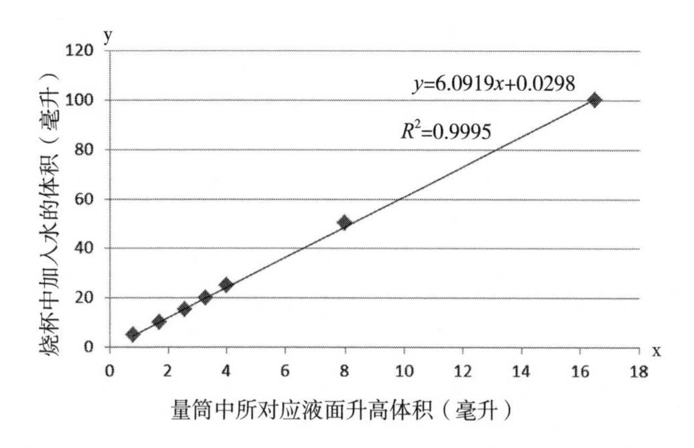

央，同时烧杯与量筒中液面相平时，记下量筒中的初始刻度值 V（图 2）

②将树上所要测的果实完全浸没到烧杯液体中，到果实刚刚浸没为好（以排除果柄带来的误差），待水平仪中的小气泡在中央，同时烧杯与量筒液面相平时，读出量筒中的刻度值 V_1（图 3），则 (V_1-V) 代表果实完全浸没烧杯中水时量筒中液面所对应升高的体积，将 (V_1-V) 代入公式 $y=ax+b$ 的 x，求出 y 即可，则 y 所代表的值即为果实体积。

三、适宜区域

全国各梨主产区。

（张绍铃　供稿）

第四篇

土肥水管理

梨园土壤覆盖管理技术

一、针对的产业问题

目前，我国梨园土壤管理方法多采用清耕，不仅生产成本增加，而且不利于水土保持。树盘覆盖，既能有效防控杂草，又可减少土壤水分蒸发、防止盐渍化，秸秆覆盖还能增加有机质、提高土壤供肥能力、促进梨树生长。

梨园土壤覆盖根据位置不同有树盘覆盖、行间覆盖之分；按照覆盖材料差别可分为地膜覆盖和秸秆覆盖。各地应根据梨园实际情况，选择适宜的覆盖方式。

二、技术要点

1. 地膜覆盖

栽培密度适宜、通风透光条件良好的梨园，一般可采用普通透明地膜覆盖（图 1）；对于杂草为害较重的园地，选用黑色地膜覆盖较为理想（图 2）；对于相对密闭的梨园，为降低园内湿度、增加树冠内膛叶片采光量，可选择反光膜覆盖（图 3），有利于梨果品质的提高。铺设地膜时，沿行向于树冠内进行，覆盖后用少量土壤将地膜边沿压实。

具体覆盖时间，视覆盖的目的而定。春季为提高土温、减少土壤水分蒸发、防控杂草，一般 2 月底至 3 月初进行覆盖。为了增强树冠内膛叶片光合作用能力，改善果实品质，应当在采收前 1 个月铺设反光膜。

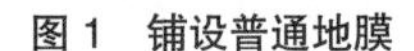

图 1　铺设普通地膜

图 2　选用黑色地膜

图 3　成熟前铺设反光膜

2. 秸秆覆盖

根据覆盖范围不同，秸秆覆盖一般可分为全园覆盖、行间覆盖和树盘覆盖。覆盖前要平整地面、清除杂草，将稻草、麦秆、玉米秸、破碎树枝均匀平铺地面（图 4~6）。覆盖厚度一般 5~15 厘米，尽量用细土压埋，既可防止秸秆被风刮走，又有利于秸秆腐烂。

整个秋冬季节均可进行覆盖，但最好是在采果后至土壤封冻前实施。经过 1~2 年，覆盖物大部分软腐分解，自然进入土层，增加了土壤有机质；也可以在对梨园深翻扩穴施肥时，将半腐化的秸秆埋入施肥坑中，达到改土增肥的目的。

图 4　全园覆盖稻草

图 5　行间覆盖玉米秸

图 6　树盘覆盖破碎树枝

三、适宜区域

所有梨果产区均可实施。

四、注意事项

1. 高温多湿的南方，覆盖的同时要注意园地排水，且不宜多年连续全园覆盖。

2. 干旱和半干旱地区，注意行间秸秆覆盖与行内地膜覆盖结合。

3. 如果能将秸秆粉碎，再与相关分解菌种混合后覆盖，效果会更好。

（朱立武　供稿）

梨园有机堆肥制作技术

一、针对的产业问题

目前，我国梨果生产普遍存在有机肥投入不足的问题，为克服我国土壤有机质含量低等不利条件，最大限度的利用好有机肥资源，增加果园有机肥的投入，提高果品质量，提高果农自制有机肥的积极性，通过试验研究提出一套成本较低、操作方便、维护性较好、真正适合我国国情的堆肥工艺和技术。

二、技术要点

主要以堆肥为例，介绍果园有机肥的制作技术。

1. 有机堆肥和化学肥料的优缺点

	有机堆肥(有机肥料)	化学肥料(无机肥料)
优点	没有刺鼻臭味而呈泥土香味； 提高果实糖分含量； 增强树体对病虫害的抵抗力； 利用发酵热可杀灭病菌、虫卵、杂草种子等，减少杂草和病虫害的发生； 增强土壤微生物活动，疏松土壤和提高土壤肥力； 自然环保，可自制生产，成本低廉	速效； 养分成分清楚； 根据土壤养分状况直接施用； 生产周期短
缺点	养分含量低，1吨有机肥含氮：15 千克，磷：10~12千克，钙：10~12千克。每亩需要600~800千克； 施肥作业时间长，用工量大； 生产周期长，简易自制需4~12个月，高品质堆肥需2年，工厂生产需2个月； 肥效慢，从化学肥料到堆肥的更改，1年难见效果	味道不好； 果实糖分含量低； 价格高； 长期施用易造成土壤板结和肥力下降

2. 有机堆肥的制作方法

（1）小农户的小规模堆肥生产

作业场地：在平地选择长和宽各 2 米的四方形地块，边上打上桩子，四周用木板等合围成高 2 米的立方体。

所需材料：收集足够的含氮物质（如牛、绵羊、猪、马、家禽）的新鲜粪肥和含碳物质（如干草、稻草和麦秆，玉米茎秆，树叶，锯末和木屑）。

生产能力：2 吨 / 年。

发酵方法：把做堆肥的地方清理干净，底部做一个空气通道，可用竹子、木条、石头等材料平铺于地面，材料间保持一定的间隙，利于通气。在四边箱内依次放置经湿润处理过的秸秆、杂草等，堆积厚度 25 厘米，在上面铺 5 厘米动物粪尿等含氮物质，然后再加一层 25 厘米秸秆、杂草等，依此类堆，直到堆积到 2 米为止。为了促进发酵，防止恶臭，减少雨雪影响，箱体四周罩上塑料薄膜，基部用绳子固定。用杆或撬棍沿堆肥周围挖 4 个深洞，放入草把作为通气孔。

生产周期：4~12 个月，好的堆肥是无臭气，黑棕色、湿润的、细碎的有机肥。

设备投资：原材料基本免费，使用设备很少，仅需少量劳动力投入。

供给能力：按亩用量 600 千克计算，可供 3 亩果园或者一个农户的需要。

（2）中等规模堆肥生产

作业场地：地面用混凝土铺装，面积为 200 平方米，无房顶。

所需材料：畜产粪尿和植物秸秆等。

生产能力：200~400 吨 / 年。

发酵方法：以拖拉机搅拌通气发酵为主。

生产周期：1 年或者 2 年。高品质堆肥，一般需 2 年，无恶臭，含钙多、含氮少。

设备投资：混凝土和一辆拖拉机。

供给能力：可满足 150 户果农或一个中等自然村的需要。

（3）大型工厂化堆肥生产

作业场地：室内堆肥。

所需材料：需大型鸡场和牛奶场供应稳定的材料。

生产能力：6 000~9 000 吨 / 年。

发酵方式：采用机械把原材料粉碎为薄片，自动搅拌，通风机送氧气发酵。

生产周期：完全发酵堆肥仅需 2~3 个月。

设备投资：需修建厂房，搅拌机，通风设备。投资大，需企业、政府和果农组织共同出资兴建为好。

劳动力投入：1 个正式员工和 6 个非正规职员。

供给能力：可满足 2 000 户果农的需要。

三、适宜地区

全国梨栽培区。

四、注意事项

1. 肥源有限

在一些梨主产区，果园集中连片，栽培面积大，但养殖业不发达，出现养殖业与种植业结构不平衡现象，果农就近难以购买到足够的有机肥源。

2. 投入不足

一般农户有机肥的投入严重不足，主要靠施用化肥来提高产量，增加收入，造成树体生长不良，果品质量下降。

3. 直接施用

在施用方法上，一般农户对动物粪便不经过发酵处理，直接施用，肥效低缓。

4. 成分不纯

部分有机肥源含有大量杀菌剂类物质，会对树体造成伤害，如鸡粪，在鸡场为防控病害，大量使用杀菌剂及抗生素类物质，最后残留到粪便中，随粪肥施入土壤后引起果树烧根现象。

5. 肥源利用低

果农受传统施肥习惯的影响，对植物秸秆、杂草、枯枝落叶等肥源，没有充分利用。

（王然　供稿）

梨树修剪枝条堆肥技术

一、针对的产业问题

我国梨园普遍存在土壤有机质含量低、保肥供肥能力差、树势衰弱早、盛果期年限短等问题，需要加强以有机（类）肥料为主的基肥种类和施用技术的研究。目前，我国各地梨树使用的有机肥绝大多数为农家肥、土杂肥等自制的堆肥，存在发酵不完全、养分含量和有机质含量均低、施肥量大、施肥费时费工，而施用效果不显著等问题。在一些地区由于有机肥源的限制，梨农干脆不施用有机肥。另一方面，梨树每年冬季修剪下数量可观的枝条，这些修剪枝因含有病原菌与虫卵等有害物质，常被焚烧或弃置在梨园周围，造成资源浪费与环境污染。循环利用梨树修剪枝条作为有机肥料，不仅可以改良梨园土壤，开辟新的有机肥源，而且可以循环利用钾和微量元素资源，解决这些元素的缺乏问题，实现以园养园的目标。

二、技术要点

1. 整理

将修剪枝预先整理成直径 10~15 厘米的小捆。

2. 粉碎

用枝条粉碎机粉碎。

3. 接种分解菌与调节碳氮比

按 10%~20% 比例向粉碎好的枝条碎屑中掺入新鲜畜禽粪以调节碳氮比（也可加 5% 左右的稀氮溶液），同时混入

0.1%~0.2% 的专用发酵菌剂。若枝条较干要注意调节含水量到55%~60%。

4. 砌堆

先将粉碎枝条、畜禽粪、分解菌剂充分搅拌均匀，再将物料砌成底宽 2~3 米，高 1.5~2 米长度不限的梯形堆。

5. 测定温度

在砌堆 72 小时后，每天 10 : 00 或下午 4 : 00 前后用温度计测量肥堆表层下 20~25 厘米处温度，一次选择 4~5 个不同的位置测定并求平均值，当温度达到 60℃以上时记录温度，以后每天同一时间内多点测量。

6. 翻堆

当温度维持在 60℃以上的时间连续达到 7 天后，开始翻堆，翻后砌堆。

7. 测定温度

砌堆 24 小时后测定温度，当堆温下降时，再次翻堆，然后砌堆。如此反复 4~5 次。

8. 腐熟

翻堆后堆温维持在 40℃左右，肥堆物料颜色呈黑褐色时，堆肥已经腐熟。通常腐熟时间在 30~35 天。

9. 腐熟后的堆肥可以直接使用，也可以继续堆放后熟

直接使用时建议配合部分化学氮肥。若继续堆放后熟，建议将堆高提高到 3 米，同时要注意压实肥堆，使内部处于无氧状态。

三、适宜区域

全国各地梨园。

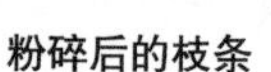
粉碎后的枝条

接种菌剂与调节水分

砌堆

四、注意事项

1. 最好将刚修剪下的枝条直接粉碎堆肥，放干了的枝条堆肥前需要补水至原料水分含量 60% 左右。

2. 需要接种枝条堆肥专用微生物腐解菌剂。

3. 干旱地区堆肥过程中要注意补充水分。

（徐阳春　供稿）

果园根际土壤高压注射施肥技术

一、针对的产业问题

果园传统施肥方式为先开施肥沟或施肥穴、后挑肥到田间地头、再施肥、灌水、回填，劳动强度大、效率低，且易伤根、肥料利用率低，易造成面源污染。为改变这一现状，大幅度降低施肥的劳动强度，提高施肥的劳动效率与肥料的利用率，及时满足果树生长对氮、磷、钾、钙、镁等的需求，实现真正意义上的配方施肥，特研发了以管道输送肥液、以耐高压与抗腐蚀的不锈钢施肥枪为核心的施肥。

二、技术要点

1. 所需硬件

加压的动力设备（电动机、汽油机、柴油机等）、三缸注射泵、肥液桶或池、肥液搅拌器、耐高压的输液管、耐高压的不锈钢施肥枪。

2. 施肥步骤

（1）将施肥所需的硬件有序连接，并进行试车，确保工作正常。

（2）将果树生长发育所需的大量元素、中量元素、微量元素溶解于肥液桶或肥液池中。

（3）启动动力设备，将工作压力调控在 20 ~30 千克 / 平方厘米。

（4）打开肥液控制开关，利用耐高压的不锈钢施肥枪将肥液直接注射到果树吸收根集中分布区土壤中。

（5）当日施肥工作结束时，用清水将三缸注射泵、肥液搅拌器、输液管、不锈钢施肥枪清洗 5~10 分钟后关闭动力设备。

三、适宜区域

半干旱区、季节性干旱区等。

四、注意事项

1. 施肥前检测果园土壤湿度，当土壤相对含水量低于土壤最大持水量的 60% 时，需先灌一次水。

2. 全年施肥的时期、次数与传统施肥方式相同。

室外配肥池与加压设备

室内配肥池与加压设备

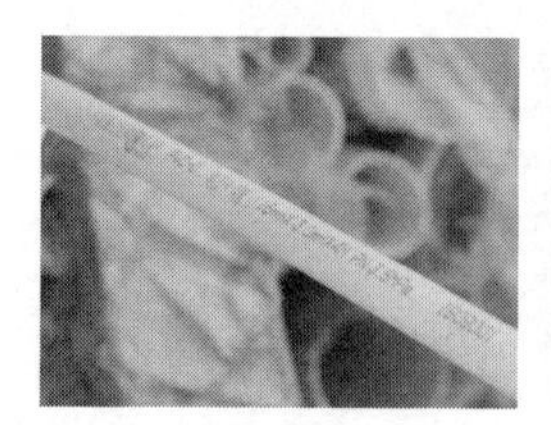

肥液输送硬管

肥液输送硬管的安装

肥液输送主管与支管

3. 每 667 亩果园每次施肥液的量为 400~500 升，在树冠滴水线上 80 厘米远施 1 枪，每枪的控制时间 6~20 秒，施肥深度一般 20~40 厘米。

肥液输送硬管与软管连接件

肥液输送软管与不锈钢施肥枪

4. 肥料溶解时应依次溶解尿素、硫酸钾、磷肥、镁肥、钙肥等。

5. 本技术的施肥硬件将不锈钢施肥枪换成喷头即成为成套喷药机械。

（邓家林　供稿）

梨树“平衡施肥系统”及其应用指南

一、针对的产业问题

目前，我国梨产区主栽品种矿质吸收利用、梨园矿质营养循环模型均不够明确。梨园施肥一直依靠生产经验粗放进行，不仅影响树体生长发育、降低果实品质，而且还形成巨大浪费，并对环境造成较大范围污染；用工成本高，梨果生产的经济效益低下。该施肥专家系统的研发应用，为梨树平衡施肥提供依据。

二、技术要点

1. 适用品种

国家梨产业技术体系耕作制度与抗逆栽培岗位团队和土壤肥料岗位团队合作，在2011年确定我国梨主栽品种——‘砀山酥梨’优质丰产营养标准值与平衡施肥方案的基础上。2012年，又确定了‘丰水’、‘黄冠’、‘巴梨’、‘鸭梨’等4个主栽品种优质丰产营养标准值与平衡施肥方案。

研究结果已经通过“梨树生产管理专家系统”（http：//pear.ahau.edu.cn/new/）的“平衡施肥系统”（http：//202.127.200.3/sc/temp/nd/index.aspx）发布共享。欢迎各位同行参考使用，并提出改进意见，以便使系统更加完善、实用。

2. 技术原理

“平衡施肥系统”以“养分归还学说”为理论基础，对全国各综合试验站示范县梨园的土壤、灌溉水、梨树叶片与枝条、果实营养等进行分析。共收集梨园土壤、梨叶片样品各315份、果实样品 119 份、枝条 112 份、灌溉用水 78 份，测定获得各类样品矿质元素数据 11 700 个。建立“梨园营养循环模型”，运用 asp.net 技术，研究开发出梨优质丰产“平衡施肥系统”模块。

3. 操作流程

用户通过下拉式菜单，开始进行“品种”、“树龄”、“土壤类型”选择，每完成一项选择后点击“下一步”按钮；填入土壤元素分析值、年灌溉量，得出梨园土壤肥力状况；再输入果实收获产量，可得到“应补充矿质元素种类与数量”；最后根据土壤有机质、pH 值分类选择，系统会给出一套“建议施肥方案”。

三、适宜区域

全国梨产区。

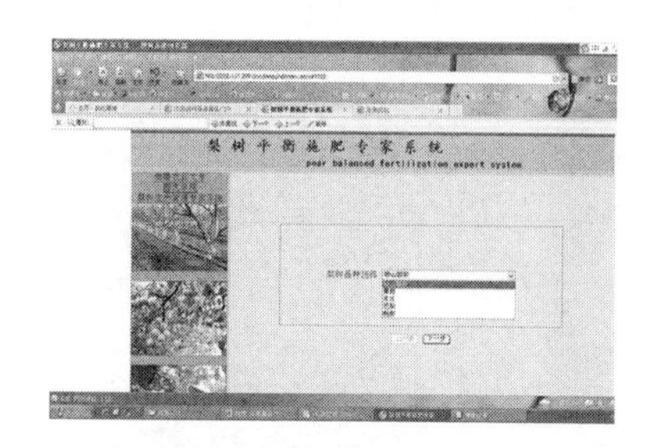

“品种选择”界面

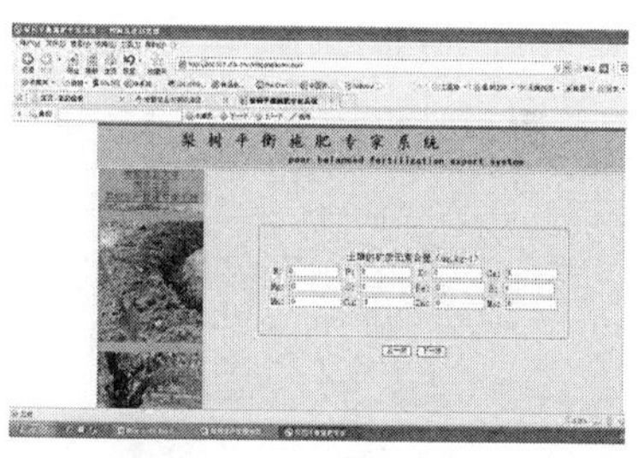

填入“土壤分析”数据

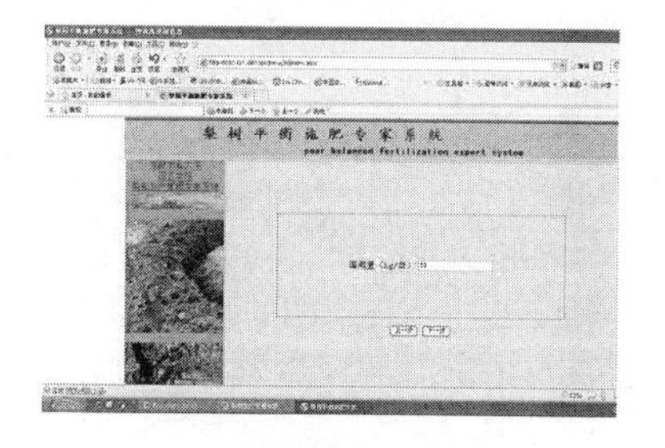

“灌溉量”选择

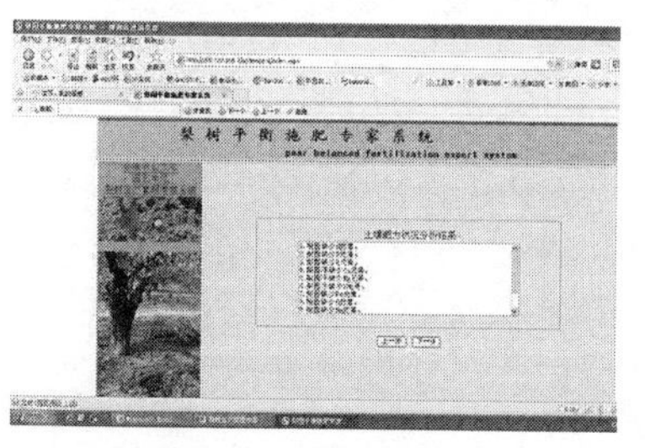

“土壤肥力状况”界面

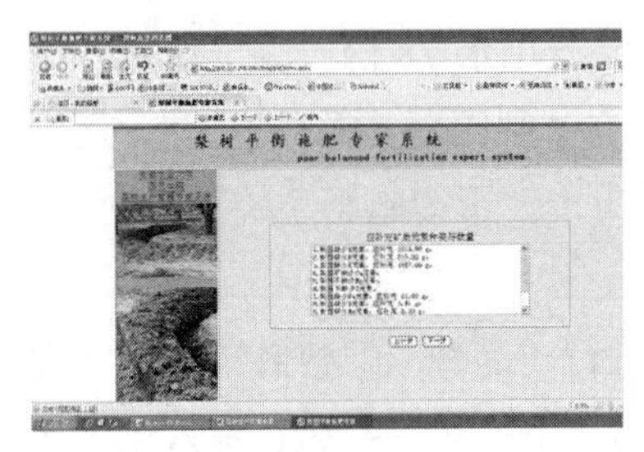

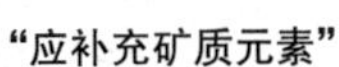
“应补充矿质元素”

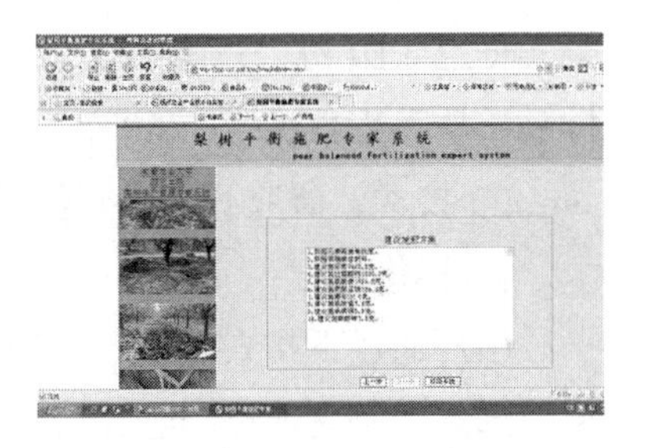

“建议施肥方案”界面

四、注意事项

1. 本系统列出土壤的矿质元素种类为 12 种，实际土壤如未分析某元素，则系统默认其含量为 0.01 毫克 / 千克。

2. 灌溉水只有梨体系 14 个试验站的数据，梨园灌溉量大而没有分析水样的，可以参考立地条件近似的试验站。

（朱立武　供稿）

干旱半干旱地区梨园节水灌溉技术

一、针对的产业问题

北方的干旱、半干旱地区是我国重要的优质商品梨生产基地，该区域目前梨园灌溉以畦灌和漫灌为主，年灌水量500~800立方米/亩，土壤管理多为清耕制，存在水分利用效率低，土壤养分流失、水资源浪费严重等问题。在该区域梨园应用节水灌溉技术，不仅具有节水、节肥、省工等优点，同时也能提高梨果产量和品质。

二、技术要点

1. 施肥改土

1~4年生幼树结合深翻改土施入有机肥。盛果期梨树，第1年秋季在树冠投影向内20~30厘米处，东西南北4个方向各挖

图1　施肥方法示意图

图2　幼树铺设一条滴灌带

长、宽、高均为 40~50 厘米的施肥坑 1 个。每亩施 2~4 吨腐熟的有机肥，与园土按 1∶1 的比例混匀后填入施肥坑，局部改良根系周围土壤，提高有机质含量，培肥地力。以后每年施肥沿第 1 年施肥坑扩展（图 1），通过 5 年时间使梨树周围的土壤全部得到改良。

2. 铺设滴灌带

选用滴头间距 75 厘米的厚壁滴灌带，铺设前全园先松一次土，疏松土壤，减少滴水时地面径流。1~4 年生的幼树，沿栽植行铺设一条滴灌带（图 2），5 年生以上（盛果期）的梨树，在树两侧沿树行各铺设一条滴灌带，距离主干位置以树冠投影向内 1/3 处为宜（图 3）。

图 3　盛果期梨树铺设两条滴灌带

图 4　树行内覆盖黑色地膜

3. 追肥与覆膜

按照目标产量计算当年施肥量，第一次追肥在梨树开花前进行，占全年施肥量的 40%，采用多点穴施的方法。施肥后树行内覆盖厚度为 0.008 毫米的聚乙烯黑色地膜，宽度应按照树龄、行距不同合理选择，覆盖宽度以树冠投影的 80% 为宜（图 4），达到除草、保墒的效果，覆膜后及时灌水。以后几次追肥，根据梨树不同生长时期的需肥量，将所需肥料加入滴灌首部贮肥罐（图 5），充分搅拌溶解后通过注肥泵（图 6）注入滴灌管道，结合滴水进行追施。

4. 灌溉时间及灌溉量

第一次滴水时间在梨树开花前，覆膜后及时灌水，以后视天气情况及土壤墒情进行灌水，一般每 30 天左右滴水 1 次，土壤相对含水量低于 60% 时开始滴水，灌水量幼树每次 15~20 立方米 / 亩，盛果期梨树每次 35~40 立方米 / 亩。采收前 30 天开始（果实迅速膨大期）滴水量增加到 40~45 立方米 / 亩，滴水时间间隔缩短至 20 天 1 次，连滴 2 次。进入秋季雨季后，滴水时间间隔可延长至 40 天左右，根据梨树根系集中分布区土壤相对含水量确定具体滴水时间。11 月下旬滴越冬水，水量要足，每亩滴水 80 立方米左右，以保证树体安全越冬。全年滴水 7~8 次，全年亩滴水量控制在 350~380 立方米，较漫灌梨园节水 50% 以上。

图 5　贮肥罐
（用于溶解和盛放肥料液）

图 6　注肥泵
（将肥料液均匀注入滴灌水中）

5. 去膜中耕

入秋后，及时去除树下覆盖的地膜，中耕全园土壤 1 次，既能改善土壤通气状况，又有利于土壤接纳秋雨，同时中耕对表层浅根有修剪作用，促使生长新根，防止土壤多年覆膜后梨树根系上浮。

三、适宜区域

适用于北方干旱、半干旱梨产区。

四、注意事项

该项技术是在甘肃景泰产区，在采用‘黄冠’、‘早酥’2个梨品种多年试验研究的基础上总结而成，当地一般年份冬季最低气温-20℃，持续2~3天。新疆、吉林、黑龙江等冬季气温低的地区，可先少量试验，确认越冬安全后再推广应用。

（李红旭　供稿）

梨园高垄覆膜集雨保墒水肥高效利用技术

一、针对的产业问题

甘肃省中东部地区属干旱、半干旱农业区，年降水量380~530毫米，山地、塬地、台地、平地果园并存，梨园集中连片面积小，地形复杂，缺乏灌溉设施和技术，对降水的合理利用不够，由于1年中降水分布不均，梨园经常发生春旱和初夏干旱问题，长期依靠经验施肥，有机肥施用量普遍不足，水肥利用效率低，对产量和梨果品质造成很大影响。

二、技术要点

1. 挖施肥坑

第1年秋季，在外围延长枝垂直向下再向里20~30厘米处挖4个长、宽、高各40~50厘米的施肥坑。

2. 增施有机肥

每亩增施2~4吨腐熟的有机肥，与园土按1∶1的比例混匀后填入施肥坑，局部改良根系周围土壤，提高有机质含量，培肥地力。通过5年时间，果树周围的土壤可全部得到改良。

3. 覆膜时间

在果园地面土壤尚未完全解冻时覆膜效果最好。甘肃中东部地区为2月底至3月初。

4. 挖沟起垄

先将果园地面整平，在树冠投影向内30厘米左右沿果树行

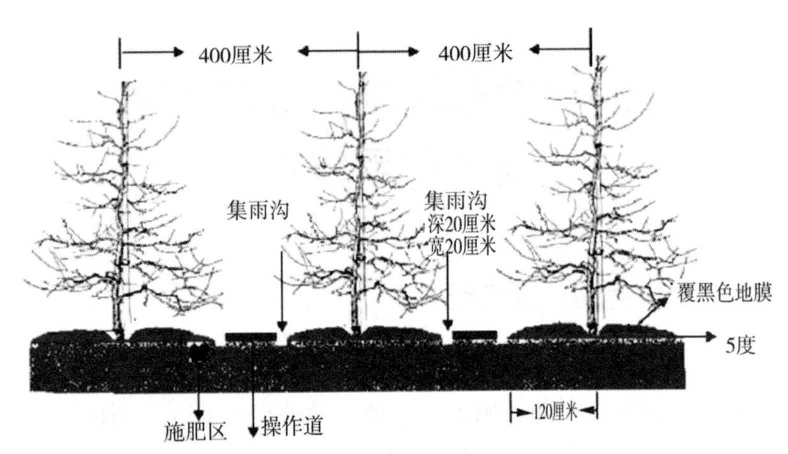

梨园高垄覆膜集雨保墒水肥高效利用技术操作示意图

向或灌水方向挖宽、深为 20~30 厘米的灌水沟（也可作为排水沟或集雨沟），将沟土培于树行内，使近树体主干部分地面较高而行间较低，形成约 5~10 度的斜面。斜面要均匀平缓，将斜坡的土壤培细，去除废膜、残枝、石块等，用石碾碾平、压实，准备覆膜。

施肥方法

挖集雨沟、起垄

5. 覆黑色地膜

根据栽植密度和树龄，在树行两边斜面上覆 1.2~1.4 米幅宽的黑色地膜，尽量将膜紧贴树干，使水分有效集流到施肥沟。地膜一定要拉紧、铺平，中间每隔一段要用土压住，以免风将地膜掀起，同时避免雨水集中到低洼地。

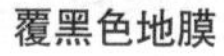
覆黑色地膜

集雨效果

6. 行间自然生草或覆草

选择1年生的低矮自然生长的草种，不采取任何措施除草，任其生长，但必须铲除其他杂草，便于留下的草能很好生长。当草长到30~40厘米时，要进行刈割，留5厘米左右，以利于再生。把割下的青草覆盖在植株周边或树盘。起到“养草保土增肥，养草保湿控温”的作用。

覆草以麦草较好，也可用粉碎的玉米杆覆盖，厚度为15厘米左右。

三、适宜区域

适用于甘肃省陇东、陇中干旱、半干旱地区及同类地区。

四、注意事项

注意起垄高度，必须要形成一个斜面，起到集雨作用；选择韧性强的黑色地膜；自然生草的行间要清除直立、茎秆易木质化的恶性草；注意夏秋季防涝。

（刘小勇　供稿）

东北山地梨园秸秆保水技术

一、针对的产业问题

东北山丘地区，早春天气寒冷，年降水量少，缺乏灌溉条件，当地玉米秸秆和稻草等资源丰富，充分利用好这些有机物，不但能为果农提高梨树种植的效益，而且还可提高生物能源的利用率。将玉米秸和稻草等埋藏于树冠下，不但能有效保存水分和养分，而且能提高早春的地温，为梨树根系活动创造稳定的适宜条件，对营养的传送、萌芽、发枝和果枝连续结果均具有明显的促进作用。该技术简单易行，投资少，收益大，尤其对提高干旱寒冷的东北山丘地区效益更为显著。

二、技术要点

1. 做草把

用玉米秸、稻草等捆成直径 20~40 厘米的草把，有条件的可用 5% ~10%的尿素溶液喷洒浸透。

2. 挖沟

结合山丘地形特点，在树冠投影下方最高点和最低点处，上下平行挖两条沟，宽 50~80 厘米，深 35~40 厘米，长度依照树冠大小而定，以备存放草把。

3. 埋草把

结合秋施基肥，把草把平放于沟内，周围用混加有机肥的土填埋，结合树龄树势，施适量土杂肥，混加过磷酸钙、尿素或复合肥等，并适量浇水，灌水不可太多以免造成化肥流失，沟上面仍以秸秆或草把覆盖。

4. 贮养穴的管理

填埋及覆盖草把

一般在落花后、新梢停长期和采果后 3 个时期，每穴追施 50~100 克尿素或复合肥，将肥料放于草把顶端，随即浇水。一般情况下，贮养穴可维持 2~3 年，可再次埋覆秸秆等，也可改换位置，逐渐实现全树盘改良，以后每隔 3 年可重复操作。

三、适宜区域

辽宁、吉林、黑龙江的山区梨园。

四、注意事项

一般来说，结合秋施基肥埋秸秆或草把，并注意入冬前灌防冻水，浇水量不宜过多，以灌后 12 小时不积水为宜。

（曹玉芬　田路明　董星光　供稿）

果树优质综合农艺节水技术

一、针对的产业问题

当前我国果树生产面临着同全国农业相似的水问题，一方面水资源严重不足，另一方面灌水方式落后，主要以低效率大水漫灌为主，造成大量的水浪费。有条件灌水的果园，因灌水不当导致枝叶徒长，营养生长过旺等现象，是我国果实品质差的主要原因之一。将根系分区灌水技术应用在果树生产，不仅能够提高水分利用效率，做到真实节水，而且能有效控制枝叶过旺生长，改善通风透光条件，提高果实品质，此技术有利于解决我国果树生产当前缺水和品质差的问题。

二、技术要点

果园优质综合农艺节水技术是北京市农林科学院林业果树研究所魏钦平等总结美国和韩国土壤管理成果与经验，并结合多年的研究结果和实践经验总结的一套技术方法。此技术已经在北京主要果树产区推广应用，受到果农的普遍欢迎。全年灌溉次数与常规灌溉相比减少 2~3 次，每次灌水量减少 60%，果实可溶性固形物提高 1~2 度。技术操作简单（一次起垄、开沟，多年应用），果农容易掌握，投入少（每亩投入地膜约 30~40 元），节水保肥，提高果实品质效果明显。具体方法如下。

1. 施肥改土

在树冠内沿 30~40 厘米处挖 2~4 个长、宽、深各 40~50 厘米的坑，每亩施用 2~4 吨有机肥。第一次最好在树冠东南西北 4

个方向挖四个施肥坑，然后将腐熟的有机肥料与上层土壤充分混合后（1/3 有机肥＋ 2/3 土壤），放入离地面 20~40 厘米的土层内，达到局部改良，集中营养供应，实现一次性提高局部土壤有机质的目地。第二年施肥时，沿此穴扩展，逐年将树冠周围的土壤全部改良。

2. 挖沟起垄

在施肥穴外顺行向或灌水方向，紧贴施肥坑外缘做宽、深分别为 30~40 厘米的灌水、排水沟。沟土翻至树下起垄，高度为 15~20 厘米，树干周围 3~5 厘米处不埋土，最终成为行间低、树冠下高的缓坡。起垄可以增加熟土层厚度，侧沟干旱时用作灌水，夏季涝时可以排水。通过调节水分供应，可以控制树体新梢生长、增加产量、提高品质。

3. 覆盖黑色地膜

在垄上和施肥穴上面覆盖厚度为 0.008 毫米的聚乙烯黑色地膜，宽度依树龄、株行距的不同而有所差异，每边约为 1~2 米。黑色地膜的作用是早春提高地温，减少土壤水分蒸发，减少灌水次数和灌水量，抑制杂草生长和病菌蔓延，并且有利于水分供应平衡，防止裂果现象发生。

4. 处理时间

施肥改土可结合施基肥进行，北京地区大约在 9 月上旬到 10 月中旬，中熟品种在果实采收后，晚熟品种在果实采收前。未秋施基肥的可在春季土壤解冻后至萌芽前进行。以秋季施用有机肥、春天覆盖黑色地膜综合效果最好。

5. 行间自然生草

行间的杂草自然生长，当草长到 50 厘米高时，进行刈割，将草高控制在 50 厘米以下。

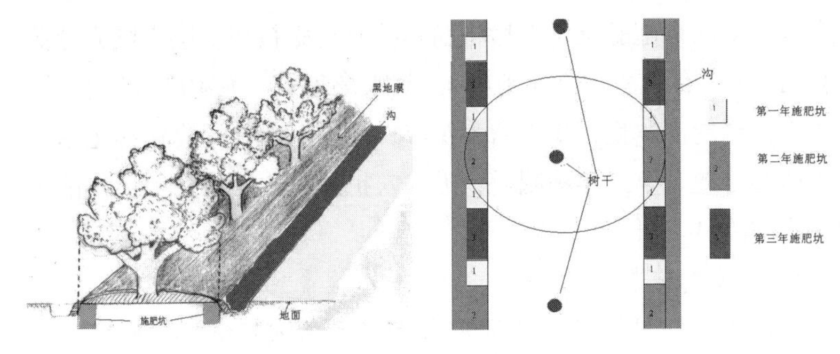

土壤局部改良施肥示意图

6. 水分供应的调节

可以根据需要，调节水分供应。在春天，树两侧的沟都灌水，让根系全部湿润，能促进果树枝叶旺长，增加枝叶数量，及早形成叶幕。在果实膨大期过后，树两侧的沟实行交替灌溉，让根系局部干旱，能减少树体水分蒸腾，抑制果树枝梢旺长，促进花芽分化，提高果品品质。

7. 观测土壤水分变化和交替灌溉

在树行两侧距离树干 50 厘米处的土壤内各安装两个土壤张力计，深度分别为 20 厘米和 50 厘米，安装时务必保证张力计的陶瓷头与土壤紧密接触。定期读取张力计，当 20 厘米处土壤水势达到 –80 千帕时，准备灌溉，当 50 厘米处土壤水势达到或超过 –45 千帕时，进行灌溉。灌溉时实行隔行交替灌水，达到控制生长、节水、提高品质的效果。

三、适宜区域

果树综合农艺节水技术主要适合梨等北方果树，同时对南方果树生产也具有参考价值。

四、注意事项

1. 为避免地膜过早破损，影响使用效果，在进行修剪、疏花疏果、果实套袋等作业时，可在地膜上铺废旧的硬纸壳，人员站在纸壳上操作。

2. 覆盖地膜的果树如出现早期落叶等不良反应，应查明原因再采取措施。

3. 废旧薄膜应及时清理回收，以免对环境造成污染。

（刘军　供稿）

北方山地梨树穴贮肥水技术

一、针对的产业问题

山东中部梨产区多为山地栽培，灌溉及施肥较为困难，造成梨果的产量和质量降低，影响了当地梨产业的发展。滴灌、微喷灌等灌溉方式前期成本较高，维护较为复杂，大面积推广较为困难，急需成本低、效果好、易推广的肥水技术。穴贮肥水技术简单易行，投资少，见效快，具有节肥节水的作用，比正常管理节肥 30%，节水 70%~80%，缓和了山地果园缺肥少水与增产之间的矛盾。

二、技术要点

具体做法如下。

1. 做草把

用玉米秸、麦秸或稻草等捆成直径 15~25 厘米、长 30~35 厘米的草把（要扎紧捆牢）。放在 5% ~10%的尿素溶液中浸泡一天左右，使其泡透，吸足水肥。

2. 挖贮养穴

在树冠投影边缘向内 50~70 厘米处挖深 35~40 厘米、直径比草把稍大的贮养穴。依树冠大小确定贮养穴数量，冠径 3. 5~4 米的挖 4 个；冠径 6 米的挖 6~8 个，围绕树盘均匀分布。

3. 埋草把及覆膜

把草把立于穴中央，周围用混加有机肥的土填埋踩实（每穴 5 千克土杂肥，混加 150 克过磷酸钙，50~100 克尿素或复合肥），并适量浇水，灌水不可太多以免造成化肥流失。每穴覆盖地膜1.0平方米左右，以穴中央为中心，平整铺膜，贴于地面，地膜边缘用土压严，中央正对草把上端穿一小孔，用石块或土堵住，以便将来追肥浇水。

4. 贮养穴的管理

一般在落花后（5月上中旬）、新梢停长期（6月中旬）和采果后三个时期，每穴追施50~100克尿素或复合肥，将肥料放于草把顶端，随即浇水。进入雨季，即可将地膜撤除，使穴内贮存雨水。

树下4个贮养穴

山地果园穴贮肥水情况

三、适宜区域

山东梨主要产区较多是山地栽植区，这些果园水源缺失，没有灌溉条件，地膜覆盖穴贮肥水技术是山丘果树旱灾技术。在土层较薄、无水浇灌条件的山丘地应用，效果尤为显著，是干旱果园重要的抗旱、保水技术。

四、注意事项

贮养穴可维持2~3年，草把应每年换一次，地膜损坏后应及时更换。

（王少敏　供稿）

‘库尔勒香梨’缺铁黄化病的防治技术

一、针对的产业问题

梨叶片缺铁性黄化病是我国梨区常见的一种生理性病害，特别在新疆南部库尔勒地区的钙质土壤、江浙沿海滩涂梨区的次生盐渍化严重的土壤，这一生理性病害发生更为严重，经济损失巨大。多年来，各梨区果农多采用喷施硫酸亚铁、树干高压注射、根施等多种方法防治该病，一直“治标不治本”，收效不明显。

二、技术要点

通过2008年和2011年在‘库尔勒香梨’产区开展了缺铁黄化病的防治技术研究，总结前人经验，对该项技术进行了优化和完善，形成如下技术要点。

1. 防治时间

库尔勒地区为3月上旬至4月上旬，以3月中下旬为防治最佳期。

2. 防治药剂

使用的药剂为“光泰”营养注射肥和柠檬酸铁注射肥（自配药剂）。

3. 滴注防治法

（1）电动打孔：在距地面30~50厘米的树干上打孔，4~5毫米钻头，向下45度角，孔深4~5厘米，以到达木质部为准（图1）。钻2孔、4孔的水平夹角为90度，钻3孔的水平夹角为 120 度，钻 6 孔水平夹角为 60 度。钻 2 孔或 3 孔的垂直距离为 5 厘米，钻 4 孔以上的可在同一水平面钻孔。树干打孔数和树干输液量参见表 1 和表 2。

表 1　打孔数

树的胸径（厘米）	5~7	7~10	10~15	15~20	> 20
打孔数	1	2	3	4	> 6

表 2　输液量

树的胸径（厘米）	10	20	30	40	45	50
树干吊针液（袋）	1	3	5~7	8~9	11~12	14~15

图 1　树干电动打孔

（2）滴注：使用快活林大树输液袋。

（3）营养液配制：稀释用水应为纯净水或软水，无软水时，须将自来水烧开晾凉后使用。

①“光泰”营养液：用量和稀释倍数见表 3。

表 3 “光泰”营养液

原液体积（毫升）	稀释体积（毫升）5千克 塑料桶	稀释倍数	备注
250	5 000	20	严重黄化时
125	5 000	40	一般黄化时

②“柠檬酸铁”营养液：“柠檬酸铁”在水中溶解缓慢，且易溶于热水，因此，要在热水中溶解后分装，然后在田间稀释，其用量和稀释倍数见表 4。

表 4 “柠檬酸铁”营养液

原药质量（克）	稀释体积（毫升）5 千克 塑料桶	稀释倍数	备注
2	5 000	0．04%	一般黄化时
3	5 000	0．06%	严重黄化时

三、防治效果

药剂和施用方法筛选的结果表明，滴注法的防治效果明显优于土施和喷施，“光泰”和“柠檬酸铁”的防治效果明显优于和丰铁、快活林滴注液和硫酸亚铁。“光泰”和“柠檬酸铁”相比，“柠檬酸铁”见效更快（表 5，图 2）。

表 5 正常叶和黄化叶解剖结构的差异

	总厚度（微米）	栅栏组织（微米）	海绵组织（微米）
正常叶	173.076 ± 11.49	76.249 ± 10.77	61.168 ± 12.96
黄化叶	171.309 ± 13.02	73.878 ± 8.86	56.111 ± 9.56

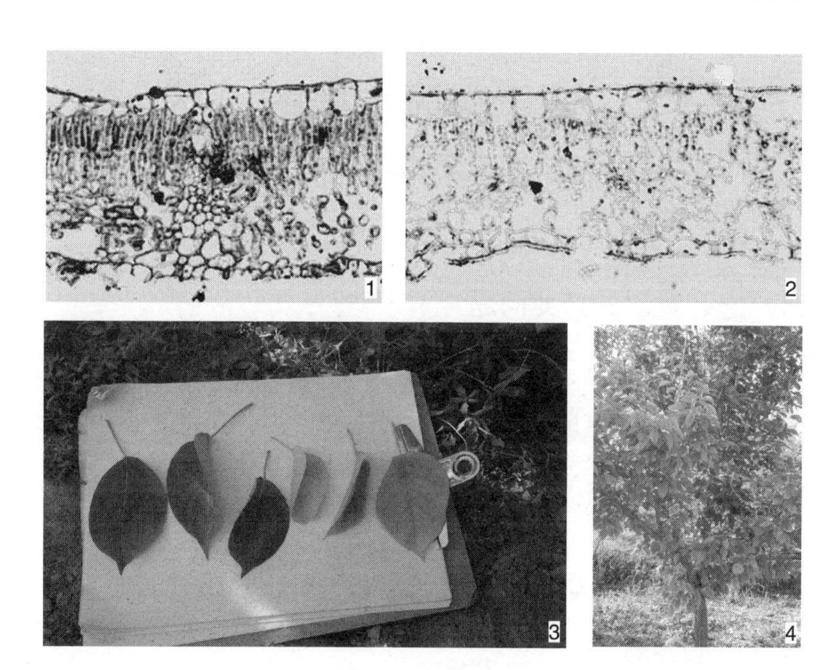

图 2　防治效果

1. 矫治后的叶片横切面；　2. 未矫治的叶片横切面；3. “柠檬酸铁”的矫治效果（左），右为对照；　4. 中心干滴注后复绿，未注射的三大主枝依然黄化

（张绍铃　何天明　供稿）

适于梨园种植的省力化新草种——鼠茅草

一、针对的产业问题

用于树下锄草、割草的劳动力投入在果园地下管理中占较大的比例，且我国大部分果园土壤有机质含量低，在树下种植鼠茅草有利于节省劳动力、提高土壤有机质，改良土壤结构和树下微环境，避免了覆膜除草透气性不良和环境污染的弊端。

二、技术要点

1. 鼠茅草

为1年生禾本科草本植物。原产亚、欧，分布于亚、欧、美和非洲，在我国主要分布在江浙、西藏及台湾等地。鼠茅草是目前国际上流行的适宜果园种植的新型草种。

2. 主要特点

该草种在整个生育期间不需机械或人工割草，在管理上较省工；能有效防止土壤表面侵蚀、干燥和缓冲低温；鼠茅草死亡后根系极易腐烂分解，形成的根孔利于通气透水，改善土壤理化性状；该草茎秆纤细，极易分解，提高土壤肥力；6月倒伏干枯死亡后覆盖于土壤表面，抑制杂草的生长，同时起到地膜覆盖的作用，保温保湿。

3. 播种方法

华北地区最佳播种期为9月中旬至10月中旬。可撒播或条播，撒播用种量为1.5~2.0千克/亩，条播为0.8~1.25千克/

亩。播种深度不要超过 0.5 厘米，只要种子与土壤紧密接触即可，宁浅勿深。土壤墒情要保证播后种子能够出苗，墒情不足可浇蒙头水，从播种到出苗约需 1~2 周，草高 15 厘米左右可安全越冬。

鼠茅草的田间生长情况

4. 田间管理

春季萌发生长期，追施一次尿素 10~15 千克 / 亩，促进生长，提高产草量。5~6 月抽穗，开花结实，6 月中旬草高达 40~60 厘米后会自然倒伏，在土壤表面形成一个厚度 5~10 厘米覆盖层。鼠茅草依靠种子繁殖，6 月种子逐渐成熟，自然落地后如遇适宜温度和水分条件，即自然发芽。过早发芽的种子难以越冬，9 月以后发芽的种子才能够安全越冬。为提高覆盖率，应在 9~10 月对发芽不良的地块进行补种。当前应用的种子不是杂交种，自产成熟的种子在原地发芽出苗 , 可多代利用。生产上种植一次可多年利用，不必年年播种。目前，观察到第三代种子的生长状况正常。据资料报道，一般可连续利用 5~6 年才需要进行补种。

三、适宜地区

全国各地生草栽培果园。

四、注意事项

1. 在斜坡地和山地果园种植，由于草面极易打滑，应特别注意田间操作。

2. 自然生草园转种鼠茅草前 10 日，可使用一次除草剂，清除原有各类杂草。

（王然　供稿）

第五篇

有害生物及逆境为害的防控

几种症状易混淆梨病害的正确诊断技术

一、针对的产业问题

病虫的发生和为害，是影响梨树生产的重大问题。近些年来梨树上的有害生物出现了许多新问题、新情况，表现出主要病虫暴发频率逐年增加、流行种类年年猖獗、区域性种类加重发生、抗药性种类突发成灾和检疫性种类已有侵入等新特点。预警的准确性和防控的科学性已成为当前的热点和难点，生产上需要标准规范、实用性和操作性强的梨树病虫害诊断与防治技术。

二、技术要点

1. 梨树腐烂病、梨干腐病与梨干枯病

（1）相同点：树皮坏死，表面密生黑色小粒点（病菌子座）。

（2）区别

①溃疡型梨树腐烂病：病皮外观初期红褐色，水渍状。

②枯枝型梨树腐烂病：病部边缘界限不明显。1 个子座内有 1 个分生孢子器。雨后或空气湿度大时涌出黄色分生孢子角或灰白色分生孢子堆。

③梨干腐病：病斑多呈梭形或长条形，后期病部失水凹陷，周围龟裂。1 个子座内有 2 个以上的白点。雨后或空气湿度大时涌出淡黄色分生孢子角。

④梨干枯病：病斑多呈椭圆形或方形，稍凹陷，病健交界处形成裂缝。1 个子座内仅有 1 个黄白色小点。雨后或空气湿度大

时涌出白色丝状分生孢子角。

溃疡型梨树腐烂病　枯枝型梨树腐烂病　梨干腐病　梨干枯病

2. 梨轮纹病与梨炭疽病

（1）相同点：病斑呈同心轮纹状，严重时互相融合，成为不规则形褐色斑块，上生黑色小粒点（病菌分生孢子器），天气潮湿时，产生红色黏液。

（2）区别

①梨轮纹病：病斑微凹陷。病斑表面形成颜色深浅相间的同心轮纹。病斑皮下果肉腐烂状不规则。

②梨炭疽病：病斑凹陷。病斑表面颜色深浅相同，黑色小粒点排成同心轮纹状。病斑皮下果肉腐烂呈园锥状。

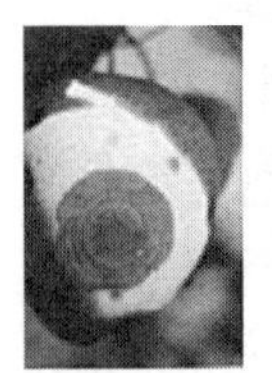

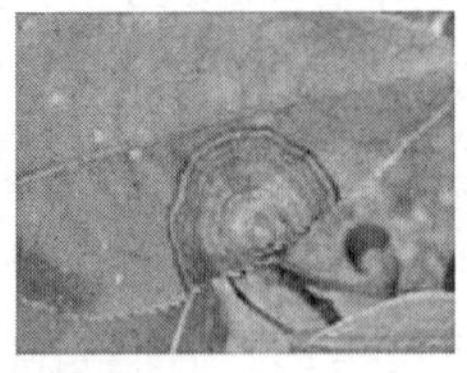

梨轮纹病　炭疽病

3. 梨黑斑病、梨黑星病与梨褐斑病

（1）相同点：叶片上产生圆形或近圆形病斑，病斑较多时常互相融合成不规则形大病斑，引起早期落叶。

（2）区别

①梨黑斑病：先产生黑色斑点，后病斑中间灰白色，周缘黑褐色。潮湿时病斑表面密生黑色霉层（病菌的分生孢子梗和分生孢子）。

②梨黑星病：沿叶脉扩展形成黑霉斑，呈放射状。

③梨褐斑病：先产生褐色斑点，后病斑中间灰白色，周围褐色，外围为黑色。病斑上密生小黑点（病菌的分生孢子器）。

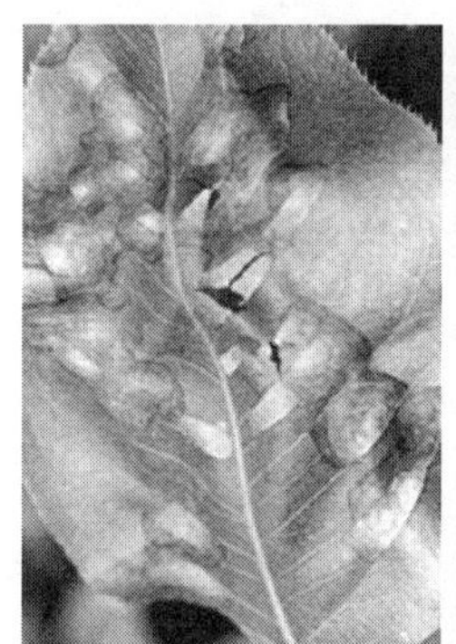

梨黑斑病

梨黑星病

梨褐斑病

4. 梨疫腐病与梨褐腐病

（1）相同点：多在梨果近成熟期发病，果面出现形状不规则的水渍状腐烂病斑，病斑上长出霉层，条件适宜时可使全果烂掉。

（2）区别

①梨疫腐病：病斑呈黑褐色湿腐状。霉层白色，菌丝丛状，布满病斑。

②梨褐腐病：病斑呈褐色湿腐状。霉层灰褐色，绒球状，排列成同心轮纹状。

梨疫腐病

梨褐腐病

三、适宜区域

全国各梨产区。

（王国平　供稿）

梨树三大枝干病害的识别

一、针对的产业问题

梨轮纹病、梨腐烂病、梨干腐病是梨的三大主要枝干病害，严重时会导致枝干枯死，对梨树生产为害较大。其中梨干腐病和梨树腐烂病田间症状，尤其是早期症状不易区别。

二、技术要点

1. 梨轮纹病

梨轮纹病又称粗皮病，遍及中国各梨产区，为害比较严重，可造成烂果和枝干枯死。此病除为害梨外，还能为害苹果、桃、李、杏等树种。该病主要为害枝干和果实，也为害叶片。

该病为害枝干，从皮孔侵入，以皮孔为中心形成痣状褐色突起。后逐渐扩大为暗褐色扁圆形病斑。病斑周围隆起开裂，木栓化，与健部树皮形成环裂。第二年，病斑上产生许多黑色小颗粒。发生严重时，病斑密集成片，树皮粗糙。病斑多数限于树皮表层。

图1　梨轮纹病为害枝干状

2. 梨树腐烂病

梨树腐烂病又称臭皮病，是梨树最重要的枝干病害，以侵染主枝、侧枝为主，在主干上也有发生。当病斑环绕整个主枝时，主枝即死亡，严重时可造成死树和毁园。梨腐烂病在枝干上的症状分为两种：溃疡型和枝枯型。

（1）溃疡型：初期病斑椭圆形或不规则形，稍隆起，皮层组织变松，呈水渍状湿腐，红褐色至暗褐色。以手压之，病部稍下陷并溢出红褐色汁液，此时组织解体，易撕裂，并有酒糟味。随后，病斑表面产生疣状突起，渐突破表皮，露出黑色小粒点，大小约 1 毫米。当空气潮湿时，从中涌出淡黄色卷须状物。以后病斑逐渐干缩下陷，变深，呈黑褐色至黑色，病健交界处发生裂缝。树势较强，病部扩展比较缓慢，多限于表皮，很少扩展成环绕整个枝干。树势较弱，病斑可深达木质部，破坏形成层，并迅速扩展，环绕枝干，而使枝干枯死。

（2）枝枯型：多发生在极度衰弱的梨树小枝上，病部不呈水渍状，病斑形状不规则，边缘不明显，扩展迅速，很快包围整个

图 2　梨腐烂病为害枝干状
（王国平　供图）

枝干，使枝干枯死，并密生黑色小粒点。病树的树势逐年减弱，生长不良，如不及时防治，可造成全树枯死。

3. 梨干腐病

梨干腐病发生遍及全国各梨产区，是仅次于腐烂病的重要枝干病害。该病主要为害梨树枝干，主干、主枝和较大的侧生枝上均可发生，病斑绕侧枝一周后侧枝即枯死，一般较少造成死树，但病害的蔓延速度很快。

梨干腐病在枝干上，初期皮层出现褐色病斑，很少发病至木质部，质地较硬；当病斑扩展至枝干半圈以上时，其上部枯死。在苗木上，树皮出现黑褐色长条状湿润病斑后，叶萎蔫，枝条枯死，后期病部失水凹陷，四周龟裂，其上密生黑色小粒点。

与腐烂病的区别：

初期病斑颜色较深，发病组织较浅，一般不至木质部（只是严重发病的可深达木质部），病斑多为带状或不规则状，其上常有纵横纹。

图 3　梨干腐病为害枝干状

（李世强　供图）　　（王国平　供图）

病斑上的黑点小而密，后期不形成孢子角。果实受害病状同轮纹病非常相似，初期为圆形、褐色、略凹陷的病斑，在适宜温、湿度条件下扩展很快，且病斑上也呈现同心轮纹，后期可见黑色小点。

三、适宜区域

全国各梨产区。

（刘凤权　供稿）

梨黑斑病菌快速检测技术

一、针对的产业问题

梨黑斑病是梨树主要叶部病害之一，在中国梨主产区普遍发生，是梨产业健康发展的重要限制因子之一。建立梨黑斑病菌快速检测技术，可以实现对该病害的早期诊断，并可对田间梨树发病过程进行实时监测，更有助于了解病害的发生及发展规律，为制定病害防治方案提供理论基础和技术支撑。

二、技术要点

1. 样品采集

在梨树生长的各个时期，在梨园中随机采样 50 份，每份样品至少包括 50 个叶片或果实。

2. 核酸（DNA）快速提取

每毫克梨组织加入 10 微升 0.5 摩尔 / 升的氢氧化钠（NaOH）溶液，在研钵中充分研磨后转移至 1.5 毫升的离心管中，在小型离心机中以 12 000 转 / 分的转速离心 5 分钟，取 5 微升上清液加入 495 微升 0.1 毫摩尔 / 升的三羟甲基氨基甲烷盐酸溶液（Tris-HCl，pH 值 8.0），混匀后取 1 微升直接用于 PCR 反应。提取过程约需 15 分钟。

3. 引物序列

引物 AAF2：5’-TGCAATCAGCGTCAGTAACAAAT-3’

引物 AAR3：5’-ATGGATGCTAGACCTTTGCTGAT-3’

4. 常规 PCR 检测

反应体系：25 微升，包括 1 微升模板 DNA、0.5 微摩尔引物、2 微升 dNTPs（2.5 毫摩尔）、2.5 微升 10 倍 PCR 反应缓冲液、2 毫摩尔 Mg^{2+}、1.25 单位 *Taq* 酶。用灭菌超纯水将体系补足至 25 微升后，在普通 PCR 仪上进行扩增反应。反应程序：95℃预变性 5 分钟；然后进入循环，94℃变性 30 秒，60℃退火 30 秒，72℃延伸 40 秒，共 35 个循环；最后 72℃延伸 8 分钟。反应过程需 2 小时。

5. 检测结果分析

反应结束后取 7 微升扩增产物于 1.0% 琼脂糖凝胶中电泳（电压：100 伏；时间：30 分）。在凝胶成像系统或常规紫外观察仪中观察有无目的条带（340 个碱基对大小，340 bp）。

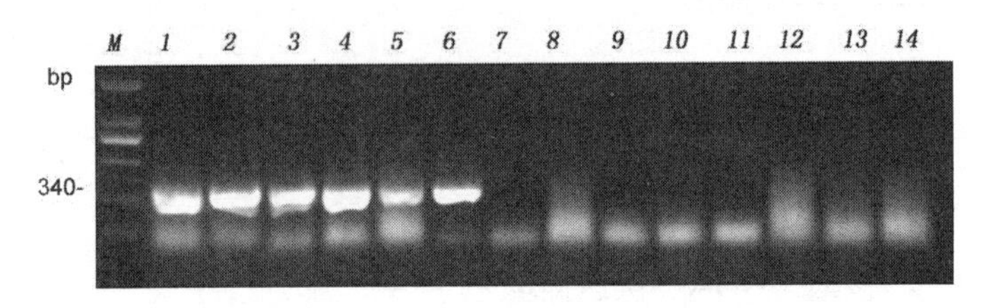

特异性引物 AAF2/AAR3 PCR 扩增 A.*alternata* 电泳

泳道 M：2 000 bp DNA marker; 泳道 1–6: A.alternata isolates; 泳道 7–13: B. *berengeriana; Valsa ambiens;.Phoma sp; Mycosphaerella sentina; Erwinia amylovora; Alternaria solani; Fusarium equiseti;* 泳道 14: H_2O

三、适宜区域

中国各梨产区。

四、注意事项

1. 样品采集后需保持新鲜，并及时送往相关单位检测。

2. 根据阳性检测样品占被检测样品的百分比大小，结合当地气候条件，及时开展防治工作。

（刘凤权　供稿）

梨黑斑病的识别特点与防治技术

一、针对的产业问题

梨黑斑病是梨树的主要病害之一，在中国主要梨产区普遍发生。西洋梨、日本梨、'砀山酥梨'最易感病。发病严重时会引起早期落叶和嫩梢枯死，致使裂果和早期落果，严重削弱树势。温度和降水量对该病的发生发展影响很大，气温24~28℃，连续阴雨，有利于梨黑斑病的发生；气温达30℃以上，连续晴天，则病害停止蔓延。

二、技术要点

1. 识别特点

梨黑斑病主要为害叶片、果实和新梢。

叶片：幼叶先发病，发生褐至黑褐色圆形斑点，渐扩大，形成近圆形或不规则形病斑，中心灰白至灰褐色，边缘黑褐色，有时有轮纹。病斑融合形成大斑，病叶即焦枯、畸形，早期脱落。天气潮湿时，病斑表面遍生黑霉。

新梢：病斑黑色，椭圆形，渐扩大，呈浅褐色，明显凹陷，后扩大为长椭圆形，凹陷渐明显，淡褐色，病部与健部的分界处常发生裂缝。

果实：幼果受害，果面出现1至数个褐色圆形斑点，渐扩大，颜色变浅，形成浅褐至灰褐色圆形病斑，略凹陷。发病后期病果畸形、龟裂，裂缝可深达果心，果面和裂缝内产生黑霉，并常常引起落果。果实近成熟期感病时，形成圆形至近圆形黑褐色大病斑，稍凹陷，产生墨绿色霉。果肉软腐，组织浅褐色，也引起落果。果实贮藏期常以果柄基部撕裂的伤口或其他伤口为中心发生黑褐至黑色病斑，凹陷，软腐，严重时深达果心，果实腐烂。

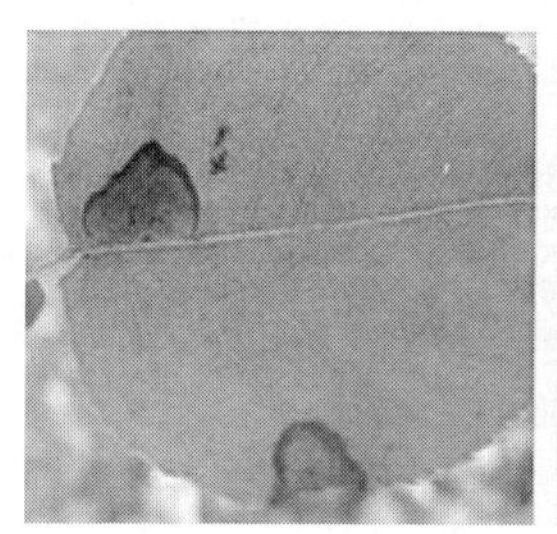
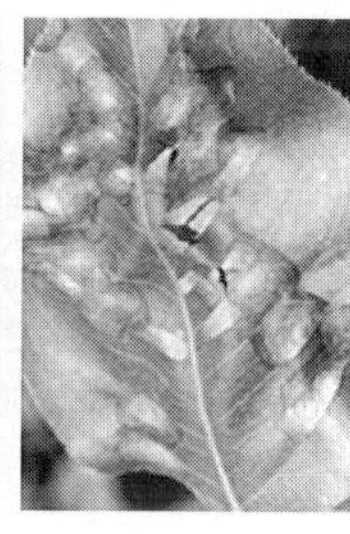

图 1　叶片发病症状

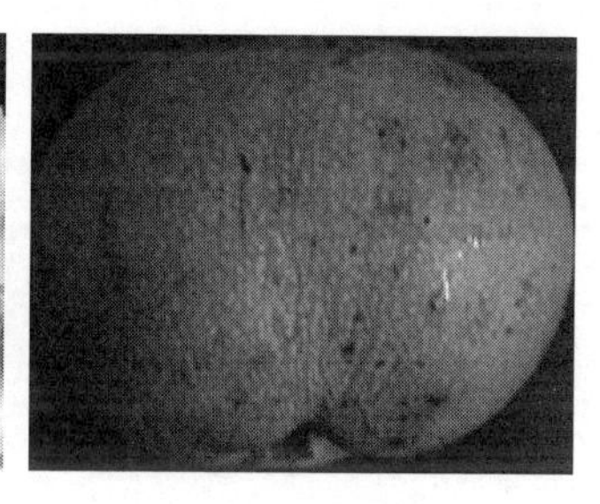

图 2　果实发病症状

2. 防治技术

（1）做好清园工作：梨树萌芽前剪除感病枝梢，清除果园内的落叶、落果，集中烧毁。

（2）加强栽培管理：根据具体情况，在果园内间作绿肥和增施有机肥料，增强树势，提高抗病能力。对于地势低洼或排水不良的果园应做好排水工作。

（3）果实套袋：南方梨黑斑病流行地区在 5 月上中旬以前套袋。黑斑病菌的芽管能穿透报纸等制成的纸袋而侵染袋内果实，须用涂桐油的特制纸袋。

（4）药剂防治：梨树发芽前，喷一次 0.3% 五氯酚钠与 5 波美度石硫合剂混合液，以消灭枝干上越冬的病菌。一般在落花后至梅雨期结束前，都要喷药保护，前后喷药间隔期为 10 天左右，共约喷药 7~8 次。为了保护果实，套袋前必须喷一次，喷后立即套袋。药剂可使用 0.6%波尔多液，50%代森铵 1 000 倍液，80% 大生 M-45 和 40% 福星乳油。

（5）低温贮藏：低温 0~5℃可抑制黑斑病。

三、适宜区域

全国各梨产区。

（刘凤权　供稿）

梨树腐烂病致病力的室内快速测定方法

一、针对的产业问题

梨树腐烂病在中国各梨产区均有分布，尤以东北、华北和西北梨区为害较重，常造成大量死树，甚至毁园。梨树腐烂病菌致病力室内测定方法的建立，可为进一步深入研究我国不同梨产区和不同梨品种上腐烂病菌致病力的分化状况和梨对腐烂病的抗性资源及防治药剂的筛选奠定技术基础。

二、技术要点

枝条用无菌水洗净晾干，经75%酒精消毒后将其剪成15厘米小段，两端用石蜡封口。伤口处理用灭菌的直径5毫米打孔器取下树皮韧皮部。梨腐烂病菌株在PDA培养基上培养2天后，用5毫米打孔器从最外缘打取菌丝块，接种于伤口处，并在菌丝块上面覆盖滴有无菌水的脱脂棉保湿，以空白PDA培养基接种作为对照。接种后的枝条置于白盘中（盘底铺滴有无菌水的灭菌纱布，盘口覆保鲜膜），在25℃条件下培养4天后测定其病斑的长度。

三、适宜区域

全国各梨产区。

四、注意事项

当采用枝条打孔接种法测定梨树腐烂病菌致病力的强弱时，

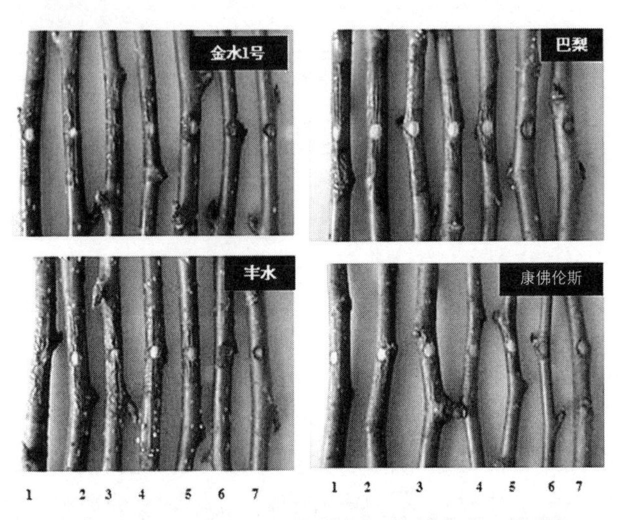

1、2、3、4、5、6、7：F-HN-6、F-HLJ-6b、F-AH-3a、F-XJ-7a、F-SX-5、F-HN-2a-1、CK

图 1　梨树腐烂病菌致病力检测

为保证其测定结果的准确性，根据本试验的研究，需对接种体、接种枝条和培养条件进行选择和控制。前期预备试验中，在梨枝条上多次采用梨树腐烂病菌的分生孢子悬浮液进行活体和离体接种，结果显示发病率均很低，因此接种体以选取 PDA 培养基最外缘病菌生长最旺盛的菌丝块为宜。接种枝条则需选取梨同一品种同株树上长势相同的 1 年生健康枝条，剪成长短均匀的小段，两端用石蜡封口，使其含水量保持一致。此外，伤口接种后的培养需在保湿控温条件下进行。在接种的菌丝块上面覆盖滴有灭菌水的脱脂棉保湿，将已接种的枝段置于白塑料盘中培养，盘底铺上滴有无菌水的灭菌纱布，盘口用保鲜膜封闭。培养温度控制在 25℃。

（王国平　供稿）

梨树腐烂病的诊断与防控技术

一、针对的产业问题

梨树腐烂病又名臭皮病，为害梨树树皮，造成树皮腐烂，削弱树势。感病后，可造成大量死枝死树，甚至不能栽植。该病在各梨区均有发生，以东北、西北、华北等梨区发生较重，尤其是近些年常出现气候异常，生长期干旱，病害有加重为害的趋势。据库尔勒综合试验站调查，2013 年 4 月 25 日后‘库尔勒香梨’腐烂病开始显现，之后呈暴发趋势，涉及范围广，程度重，5 月上旬更为明显。

二、技术要点

1. 症状识别

梨树腐烂病为害梨树主干、主枝、侧枝及小枝的树皮，使树皮腐烂。为害症状有溃疡型和枝枯型两种症状类型。

（1）溃疡型：开始发病时，病皮外观初期红褐色，水渍状，稍隆起，用手按压有松软感，多呈椭圆形或不规则形，常渗出红褐色汁液，有酒糟气味。用刀削掉病皮表层，可见病皮内呈黄褐色，湿润、松软、糟烂。发病后期，表面密生小粒点，为病菌的子座。雨后或空气湿度大时，从中涌出病菌淡黄色的分生孢子角。在生长季节，病部扩展一些时间后，周围逐渐长出愈伤组织，病皮失水、干缩凹陷，色泽变暗、变黑，病健树皮交界处出现裂缝。

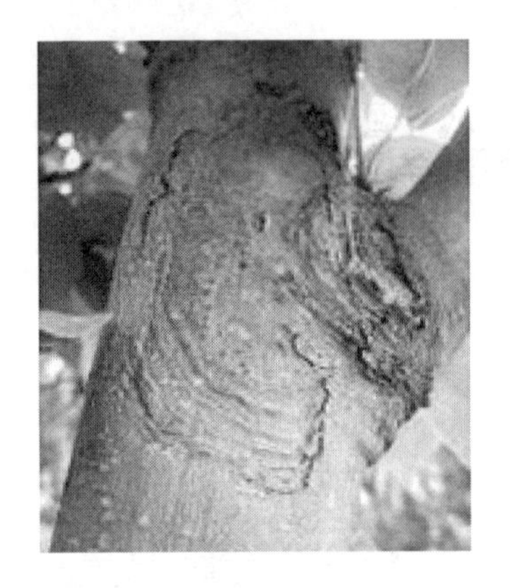

溃疡型

枝枯型

（2）枝枯型：衰弱大枝或小枝上发病，常表现枝枯型症状。病部边缘界限不明显，蔓延迅速，无明显水渍状，很快将枝条树皮腐烂一圈，造成上部枝条死亡，树叶变黄。病皮表面密生黑色小粒点，天气潮湿时，从中涌出淡黄色分生孢子角或灰白色分生孢子堆。

病菌的子座

分生孢子角

2. 防控技术

调查研究表明，60%~80% 的腐烂病疤均发生在剪锯口；病原菌在冬季可以萌发侵染，因此，冬季修剪是造成梨树腐烂病大面积暴发的主要原因；夏季病菌随雨水可在树冠飞散传播，需要进行喷药防止侵染；对已有病斑要进行刮治；较大病斑都存在病菌在树体组织内扩散的现象，增施有机肥增强树势对病斑扩展和已治愈病斑复发会有较好的抑制作用。根据以上特点，对梨树腐烂病可采取如下防控技术。

（1）修剪防病

①根据各地情况，在不误农时前提下，改冬剪为春剪，避开寒冬对修剪伤口造成的冻害。

②在阳光明媚的天气修剪，避开潮湿（雾、雪、雨）天气。

③对较大剪口和锯口一定要进行药剂保护，可涂甲硫萘乙酸或腐植酸铜。

（2）喷药防病

①梨发芽前（3 月）和落叶后（11 月）喷施铲除性药剂，药剂可选用 45% 代森胺水剂 300 倍液。

②生长季（6 月和 9 月）结合对叶部病害的防治，在降雨前后对树干均匀喷药 2~3 次。

（3）病斑刮治

①无论任何季节，只要见到病斑就要进行刮治，越早越好。

②将病斑刮净后，对患处涂抹甲硫萘乙酸或腐植酸铜。病斑刮面要大于患处，边缘要平滑，稍微直立，利于伤口的愈合。

（4）壮树防病

①提倡秋施肥，亩施腐熟有机肥 3~4 立方米。

②合理负载，控制结果量。

③对易发生冻害的地区，提倡冬季对树干及主枝向阳面涂白。

剪锯口药剂保护

病斑刮治

喷药防病

树干涂白

三、适宜区域

全国各梨产区。

（王国平　刘凤权　朱立武　供稿）

梨胴枯病的诊断与防控技术

一、针对的产业问题

梨胴枯病又名梨干枯病，主要为害中国梨和日本梨，分布于东北、西北、华北、西南及浙江等地。近年在江西等地的初夏绿、翠冠、翠玉等梨品种上发生较重，造成梨树树皮坏死、枝干死亡。此外，该病易与梨干腐病相混淆。

二、技术要点

1. 梨胴枯病的识别

发病时，在枝干树皮上产生凹陷褐色小病斑，后逐渐扩大为红褐色，椭圆形或不规则形，稍凹陷，病健交界处形成裂缝。病皮下形成黑色子座，顶部露出表皮，降雨时从中涌出白色丝状分生孢子角。

枝干树皮上产生凹陷褐色病斑

黑色子座顶部露出表皮

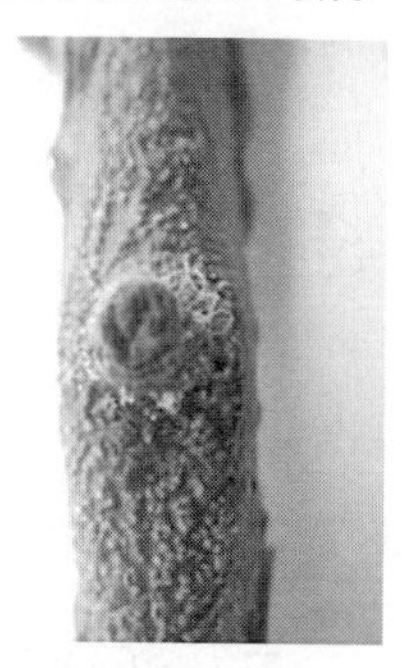

白色丝状分生孢子角

2. 梨胴枯病与梨干腐病的区别

（1）梨胴枯病的病斑扩展较慢，病斑多呈椭圆形或方形；梨干腐病向上下方向扩展较快，病斑多呈梭形或长条形，色泽也较深，略带黑色。

（2）用刀片削去病皮表层，再用放大镜观察，梨胴枯病的1个子座内仅有1个黄白色小点，而梨干腐病常有2个以上的白点。

（3）梨胴枯病的病原为半知菌亚门福士拟茎点霉。梨干腐病的病原有性世代为子囊菌亚门贝伦格葡萄座腔菌，无性世代为半知菌亚门大茎点菌。

梨干腐病斑　　病斑纵向扩展　　子座　　分生孢子角

3. 梨胴枯病的防治

（1）对病斑采取划道办法处理，然后涂10%果康宝膜悬浮剂20~30倍液或843康复剂原液或30%腐烂敌50倍液。

（2）对发病重的小树茎干部位或大树短枝结果枝组部位，春天发芽前喷洒10%果康宝膜悬浮剂或30%腐烂敌100倍液，或3~5波美度石硫合剂。

三、适宜区域

全国各梨产区。

（王国平　周超华　供稿）

梨树疫腐病的诊断与防控技术

一、针对的产业问题

梨树疫腐病又叫梨疫病、梨树黑胫病、干基湿腐病。造成梨树树干基部树皮腐烂，有的年份还大量烂果。主要发生在甘肃、内蒙古、青海、宁夏等灌区梨树及云南省呈贡县、会泽县梨产区。其中甘肃发生较重，一些梨园发病率达 10% ~30%，重病园病株率高达 70%以上。2010 年 8 月在陕西省乾县，梨疫病造成'砀山酥梨'大量烂果。2011 年 8 月在河北省滦南县导致'早酥'和'五九香'大量烂果。

二、技术要点

1. 症状识别

（1）果实受害：多在膨大期至近成熟期发病。果面出现暗褐色病斑，表层扩展快，边缘界限不明显，病斑形状不规则。深层果肉烂得较慢，微有酒气味。后期果实呈黑褐色湿腐状。落地病果在地面潮湿时，果面常长出白色菌丝丛。

（2）树干受害：在幼树和大树的地表树干基部，树皮出现黑褐色、水渍状、形状不规则病斑，病斑边缘不太明显。病皮内部也呈暗褐色，前期较湿润，病组织较硬，有些能烂到木质部。后期失水，质硬干缩凹陷，病健交界处龟裂。新栽苗木和 3~4 年生的幼树发病，主要发生在嫁接口附近，长势弱，叶片小，呈紫红色，花期延迟，结果小，易提早落叶、落果，病斑绕树干一圈后，造成死树。大树发病，削弱树势，叶发黄，果小，树易受冻。

果面出现暗褐色不规则状病斑

病部长出白色菌丝丛

发病树树势削弱叶发黄

树干基部出现黑褐色水渍状不规则状病斑

2. 防治方法

（1）选用杜梨、木梨、酸梨做砧木：采用高位嫁接，接口高出地面 20 厘米以上。低位苗浅栽，使砧木露出地面，防止病菌从接口侵入，已深栽的梨树应扒土，晒接口，提高抗病力。灌水时树干基部用土围一小圈，防止灌水直接浸泡根颈部。

（2）梨园内及其附近不种草莓，减少病菌来源。

（3）灌水要均匀，勿积水：改漫灌为从水渠分别引水灌溉。苗圃最好高畦栽培，减少灌水或雨水直接浸泡苗木根颈部。

（4）及时除草，果园内不种高秆作物，防止遮阳。

（5）药剂防治：果实膨大期至近成熟期发病，见到病果后，立即喷80%三乙膦酸铝可湿性粉剂800倍液，或25%甲霜灵可湿性粉剂700~1 000倍液。树干基部发病时，对病斑上下划道，间隔5毫米左右，深达木质部，边缘超过病斑范围，充分涂抹843康复剂原液，或10%果康宝膜悬浮剂30倍液。

三、适宜区域

全国各梨产区。

（王国平　李红旭　乐文全　徐凌飞　供稿）

梨茎蜂综合防治技术

一、针对的产业问题

梨茎蜂，又名梨梢茎蜂，俗称折梢虫、剪头虫，是目前中国梨的主要虫害之一，大树被害后影响树势及产量，幼树被害后则严重影响枝条的生长及树冠的扩大和整形，给生产造成很大损失，采用单一措施防治，很难达到好的防治效果。

二、技术要点

1. 农业防治

冬季结合修剪，彻底剪除梨茎蜂为害枝梢，并带出梨园集中烧毁，消灭潜在其中的大量越冬虫源，减少虫源基数。在生长期，成虫产卵结束后，逐树仔细检查，及时剪除被害新梢，应在断口下 1 厘米处剪除，以消灭虫卵。

2. 物理防治

利用梨茎蜂趋黄色的特性，梨茎蜂出蛰期在梨园中悬挂黄色诱虫板，可诱杀大量成虫。具体方法是：在梨树盛花期，将黄色诱虫板（规格 20 厘米 ×24 厘米）悬挂于树冠外围距地面 1.5~2.0 米高的枝干上，每亩均匀挂设 20~30 块，能达到良好的防治效果。

3. 药剂防治

于梨盛花末期晴天上午 10 点至下午 1 点，全园喷布 28% 梨星一号 1 000 倍液或 2.5% 敌杀死乳油 3 000~4 000 倍液。

幼树新梢被梨茎蜂为害状

梨盛花末期梨园挂置黄板

黄板诱杀梨茎蜂效果

及时剪除为害新梢上虫卵

三、适宜地区

适用于中国北方各梨产区。

四、注意事项

北方产区春季沙尘天气较多，挂黄板防治期间若遭遇沙尘暴天气会直接影响诱杀效果，因此，盛花期可先挂设少量黄板监测，当发现诱虫板上开始诱到梨茎蜂时再大面积悬挂。

（李红旭　供稿）

梨茎蜂在‘库尔勒香梨’上的发生规律与防治措施

一、针对的产业问题

梨茎蜂雌成虫在产卵时用产卵器锯断或锯掉嫩梢对梨造成严重为害。雌成虫在花期产卵于花序或新梢嫩皮下初形成的木质部与韧皮部之间，并用产卵器将产卵处上部约 1~3 厘米 处的嫩梢梢头及 3~4 片或所有叶片锯断或锯掉，仅留托叶或成为光秃的断枝。幼虫于鞘内向下取食，致使受害部枯死，形成黑褐色的干橛。据初步调查，在成龄梨树上，梨茎蜂对‘库尔勒香梨’主要授粉树鸭梨的折梢率比‘库尔勒香梨’高 4%。‘库尔勒香梨’幼龄树的受害率比成龄树高 10%，特别是定植 1~2 年生的幼树，折梢率可高达 100%，严重影响树冠整形与扩冠。

二、技术要点

1. 生活习性

梨茎蜂（图中 1）在新疆梨区 1 年发生 1 代，以老熟幼虫在枝条内越冬，3 月上、中旬化蛹，4 月上旬梨树开花时羽化。雌成虫在花期主要为害花器（图中 3），且对花器的访问与气温关系密切。正午高温时段雌成虫非常活跃，在树丛中穿梭飞舞，选择产卵处，访问频率明显高于早晚时间。花后 10 天新梢大量抽生时进入产卵盛期，卵期平均 12 天。5 月上旬进入卵孵化盛期。幼虫孵化后蛀食幼嫩木质部而留皮层，边吃边拉粪便，将空梢填满。5 月下旬开始蛀食 2 年生新梢。8 月上旬老熟幼虫停止取食，作茧，蛀居 2 年生枝内休眠越冬。

2. 防治方法

经过多年的生产实践摸索和经验积累，总结出如下梨茎蜂综合防治的技术措施。

（1）套纸筒：本方法主要针对幼树，具体方法是首先将废旧报纸用胶水粘成长 30~50 厘米、宽 20 厘米的纸袋，在花前梨茎蜂羽化前套在新梢上。为防止被风刮跑，可用细铁丝将袋口固定于新梢基部。待 4 月底除袋，可有效防止成虫对新梢的为害。

（2）剪虫枝：冬季剪除被幼虫为害的被害梢，以杀死其内的越冬幼虫。并及时烧毁虫枝，压低越冬基数。4 月下旬至 5 月上、中旬及时剪除当年为害干枯枝橛，长度以剪到虫子为止。不宜剪除的 2 年生被害枝，可用铁丝随蛀孔插入，杀死里面的幼虫或蛹，以减少越冬虫源。

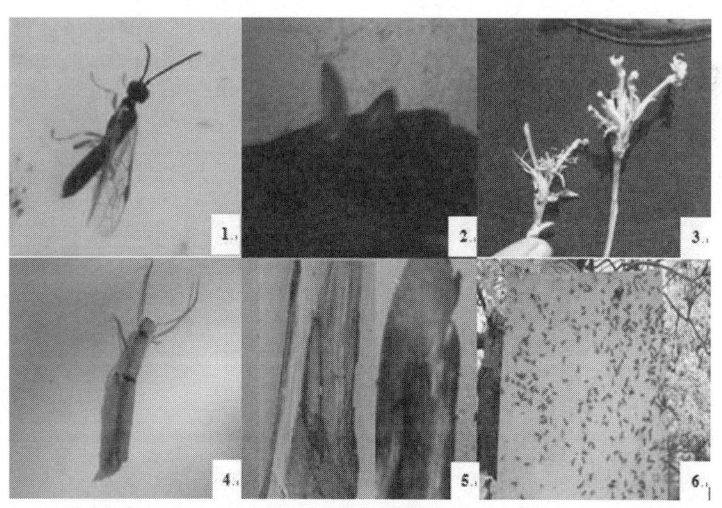

图示说明：1. 梨茎蜂的雌成虫；2. 正在孵化的卵；3. 雌成虫对香梨花器的为害状；4. 雌成虫用产卵器锯断新梢梢头及所有叶片，仅留托叶；5. 幼虫孵化后即开始向嫩梢髓部蛀食（左），蛀成略弯曲的长椭圆形虫道（右）；6. 梨茎蜂对黄色具趋性，可用黄胶板成功诱杀

（3）挂黄板：梨茎蜂对黄色具明显趋性，可用黄胶板成功诱杀（图中6）。

（4）性诱成虫：在尚未人工合成性信息素之前，应用二氯甲烷粗提物当诱芯，在成虫盛期诱杀大量雄蜂以干扰交配，降低产卵折梢量，且能发挥预测预报作用。

（5）药剂防治：在成虫羽化盛期，用90%敌百虫1 000倍液喷雾，防治效果可达80%以上。

三、适宜区域

适宜新疆梨产区，其他梨产区也可参照当地的物侯期和害虫生活史变化开展展梨茎蜂的防治。

四、注意事项

梨茎蜂在不同产区的发生时期不一致，应当提前做好预警预报工作，及时采取有效的防治措施。

（吴俊　张绍铃　何天明　供稿）

利用黄板诱杀梨茎蜂

一、针对的产业问题

梨茎蜂是为害梨树新梢最主要的害虫之一，部分为害较重的梨园，春季新梢折梢率达10%~20%，影响果树正常生产。发生梨茎蜂为害主要是果农冬季剪下的枝条中存活着大量越冬幼虫，堆放在果园周边，没有合理应用处理；其次是梨园内折梢没有剪除销毁；还有梨茎蜂成虫羽化期正好是梨树开花期，果农往往忽视花期前后药剂防治。

通过黄色粘虫板杀成虫是利用其趋黄性的一种物理防治方法，具有效果好、成本低、易操作等优点，应用可大大减少用药次数，不造成农药残留和害虫抗药性，除防治梨茎蜂外，可兼防多种害虫成虫，配以性诱剂扑杀害虫效果更好。

二、技术要点

1. 放置方向

黄板悬挂于梨树行间外围的2~3年生枝条上，板面与梨树行向垂直。

2. 大小选择

为起到较好的诱集效果和节约成本，通常选用宽15厘米、长20厘米双面涂粘虫胶的黄色塑料板。

3. 悬挂高度

为便于操作，黄板均匀悬挂距地面高1.5米的枝条上为宜。

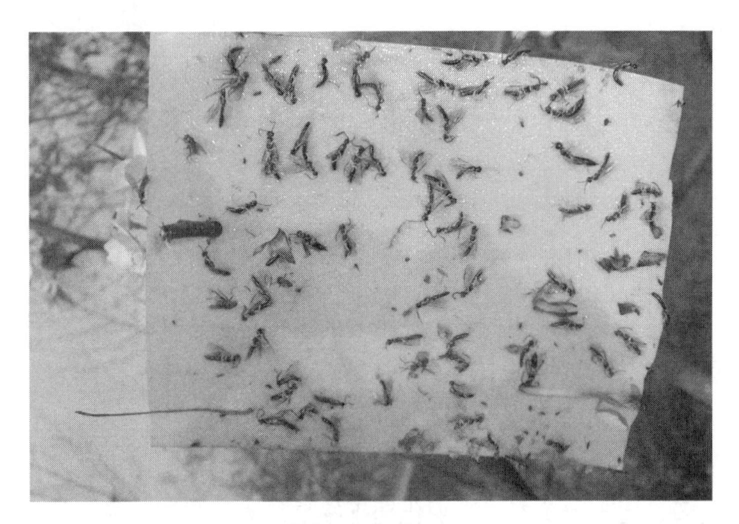

黄板诱杀梨茎蜂

4. 挂置密度

根据茎蜂虫密度大小决定放置数量，一般每亩设置 30~50 块。

5. 挂置时间

在梨茎蜂成虫羽化前，于虫害发生初期挂置（安徽砀山地区一般在 3 月下旬悬挂），此时梨树正值开花期。防治时间 3 月下旬至 11 月上旬。

三、适宜区域

所有发生梨茎蜂为害的梨园。

四、注意事项

1. 双面诱杀害虫，板面要平整不卷曲。

2. 掌握好防治时间，在成虫羽化前挂板防治。

3. 若虫口密度很高，当板上粘虫面积达板表面积的 60% 以上或板上粘满害虫时，必须及时清除板上害虫或更换新板；板面胶不粘时须更换新板。

4. 防止叶片、枯枝落叶和尘土等杂物粘在板上，影响防治效果。

5. 黄板诱杀害虫应与其他综合防治措施配合使用，才能更有效控制害虫为害。

6. 黄板除诱杀梨茎蜂外，对黄粉虫、蚜虫、梨小食心虫、梨木虱等害虫也有一定防治效果。

7. 使用后的黄板应回收集中处理。

（徐义流　供稿）

梨小食心虫的综合防治技术

一、针对的产业问题

梨小食心虫简称梨小，是目前梨树上的重要害虫之一，特别在梨园、桃园混栽区和管理粗放的梨园，发生尤为严重，梨虫果率达15%~45%，加之其在发生中后期世代交替，果农不能准确掌握最佳防治时间，给防治带来极大困难，只有采取综合防治技术，才能达到理想的防治效果。

二、技术要点

1. 梨小食心虫的预测预报

（1）性诱剂诱蛾法：该法预测梨小食心虫的发生期和防治适期比较准确。具体措施是：在果园内选取5~6棵树，设置性诱芯水盆诱捕器（制作方法详见下文）或胶粘式诱捕器，将诱捕器悬挂于树冠背阴处的枝干上，距地面高1.5米左右。逐日检查、记载诱蛾数量，当诱到的雄蛾数量连续几天突然增加，表明已进入虫害高峰期，应及时进行喷药防治。

（2）田间卵果率调查法：从7月开始，选择上年为害严重的代表地块，选定5~10株代表树，每株在上部、内部、外部共查梨果100~200个，每2天调查1次，每次不少于1 000个果实，记载卵果数，当卵果率达0.5%~1%时，立即喷药防治。

2. 梨小食心虫的农业防治

（1）规划建园时，根据梨小食心虫具有转主为害的习性，应尽量避免梨树与桃、李、杏等树种混栽，以杜绝梨小食心虫交替为害。

（2）早春刮除老翘皮，消灭潜藏的越冬幼虫；8月中旬，越冬幼虫脱果前，用草或麻袋片绑在主枝上，诱集脱果越冬的幼虫；秋冬应及时清扫梨园落叶落果并集中烧毁。

（3）采用果实套袋措施可有效防止梨小食心虫的为害。

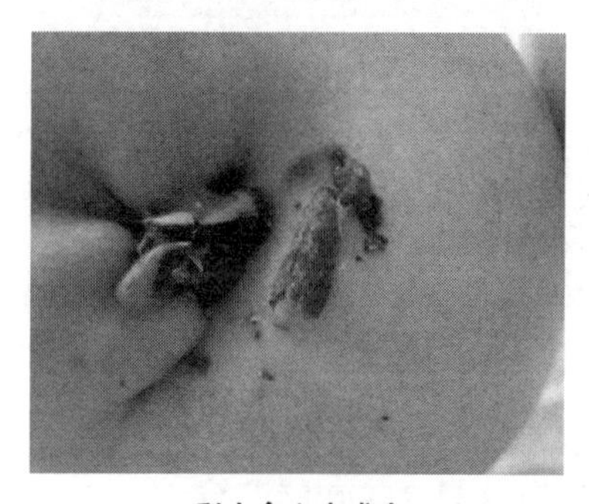

梨小食心虫成虫

梨小食心虫为害的果实

3. 梨小食心虫的物理防治

（1）利用糖醋液诱杀成虫：按白砂糖∶醋酸∶乙醇∶水=3∶1∶3∶80的比例配制糖醋液，加少量敌百虫后装在罐头瓶内或空塑料瓶剪成广口状挂到田间即可。糖醋液的诱虫效果在半径8米内最好，应隔行挂放，挂在树冠中上部背阴处，高度1.5米左右，每亩果园挂8~10个。

（2）利用性诱剂诱杀雄蛾：应用性诱剂诱杀雄蛾是一种高效、经济的生物防治方法。取口径20厘米的水盆，用略长于水盆口径的细铁丝横穿一枚诱芯，置于盆口上方并固定好，使诱芯下沿与水盆口面齐平，以防止因降雨水盆水满而浸泡诱芯，将诱盆悬挂于树冠背阴处的枝干上，距地面高1.5米左右。盆内加0.2%的洗衣粉水，使水面距诱芯下沿1~1.5厘米，每亩挂设15个。为保证诱集效果，每天向水盆添水到原位，每月更换1次诱芯。

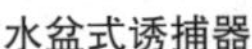
水盆式诱捕器

三角板式诱捕器

4. 梨小食心虫的化学防治

根据预测预报，当雄蛾数量出现高峰后5~7天，或者调查卵果率达0.5%~1%时，应及时喷药防治。药剂可选用48%乐斯本乳油1 500倍液、4.5%的阿维菌素乳油5 000倍液、25%的蛾螨灵3 000倍液、25%的灭幼脲3号2 000倍液等。

5. 梨小食心虫的生物防治

生物防治是无公害梨生产的重要措施之一。一是避免在梨园使用广谱性杀虫剂，注意保护天敌；二是在梨小食心虫成虫羽化高峰期1~2天后人工释放赤眼蜂，每3~5天释放1次，连续释放3~4次，每亩释放3万~5万只，可收到良好的防治效果。

三、适宜区域

适用于中国各梨产区。

四、注意事项

梨小食心虫各虫态的发育历期与气温密切相关，在一定范围内，气温越高，各虫态的发育历期越短，反之则长。因此，各地要根据当地气候实际情况适当调整喷药时间。

（李红旭　供稿）

利用赤眼蜂防控梨小食心虫技术

一、针对的产业问题

梨小食心虫简称梨小，是果园的主要害虫之一，主要为害桃树、梨树，主要表现为蛀梢和蛀果，此外还可为害苹果、樱桃、李、杏、山楂等果树。我国大部分地区的梨园都有梨小分布。由于梨小的发生代数多，且发生不整齐并有世代交替现象，因此在防治上比较困难。

赤眼蜂可寄生很多鳞翅目害虫的卵，其中松毛虫赤眼蜂是梨小食心虫的重要天敌，在梨园内释放松毛虫赤眼蜂防控梨小食心虫可以取得很好的防治效果。

梨园内释放赤眼蜂防治梨小食心虫有如下优点：赤眼蜂的杀虫目标明确，可以有效地寄生梨小的卵，使其不能够孵化为幼虫蛀果为害；避免了多次施用农药防治梨小而产生的环境污染、伤害天敌、农药残留等问题。在梨小食心虫卵盛期释放赤眼蜂能够压低梨小发生数量，节省农药使用量，避免害虫产生抗药性。在梨园内释放赤眼蜂防治梨小这项技术具备长效性，通过一两次放蜂后可使梨园连年受益。

二、技术要点

赤眼蜂是梨小的卵寄生蜂，只有在梨小的产卵期间释放赤眼蜂才能发挥其效果，所以要掌握好梨小的成虫发生规律及产卵期，做好梨小的预测预报工作。赤眼蜂释放的适宜时间是梨小食心虫越冬代成虫的产卵期。

释放方法是平均每株梨树上悬挂一张赤眼蜂卵卡，就是用大头针或曲别针将卵卡置于梨树叶片背后牢牢固定住，特别要注意的是要保证在赤眼蜂羽化出蜂前卵卡不会被风吹、雨淋等外来因素干扰而不能够顺利出蜂。因此要选择无大风降雨等气象条件较好的情况下放蜂。一般在上午 10 点前或下午 3 点后放蜂，尽量避免新羽化的赤眼蜂遭受日晒。

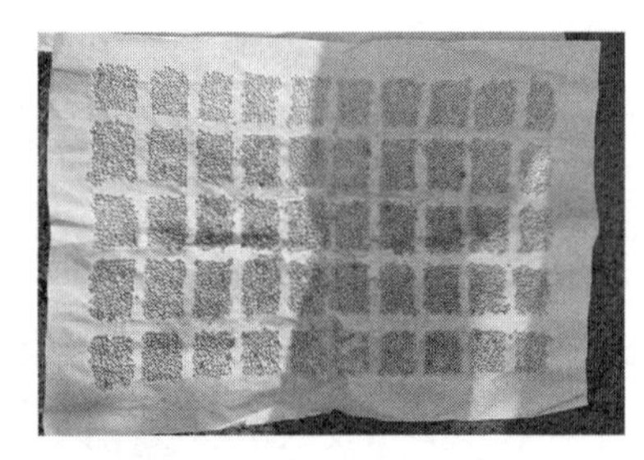

把生产以后运输、保藏的整张赤眼蜂卵卡剪裁成为小块的卵卡

将卵卡用曲别针置于梨树叶片背后并牢牢固定住，保证其不会被阳光直晒、风吹掉落或雨淋等而不能够顺利出蜂，平均每株梨树上悬挂一张卵卡

每亩梨园的放蜂量一般在 3 万头左右。不同梨园具体放蜂量还需要根据监测的梨小发生数量来确定。针对梨小产卵期不整齐的问题，通常分两次释放，间隔期三四天左右，放蜂时卵卡悬挂

高度以不低于 1.5 米最好。

三、适宜地区

有梨小食心虫发生的地区均可应用这项技术来防治果园的梨小或者其他鳞翅目害虫。

四、注意事项

在梨园释放赤眼蜂时应注意避免农药对于赤眼蜂释放效果的影响：在释放赤眼蜂防治梨小的前 1 个月左右，用于防治梨园其他害虫的农药均应选择残效期短、低毒高效的农药；在释放赤眼蜂期间及之后的一段时间内（根据具体的梨园害虫调查情况而定），尽量少用或不用毒性高的农药，既可保护赤眼蜂在果园中繁衍，对其他的害虫天敌如草蛉、瓢虫等也可以起到保护其种群数量上升的作用。这样可以减少释放过赤眼蜂的果园农药使用量，并为果园病虫害的综合防治奠定良好的生态基础。

在释放赤眼蜂的前几天，应密切关注当地的气象信息，尽量避免释放赤眼蜂后的几天将会遇到大风、降水等对赤眼蜂的孵化和寄生不利的天气状况，使赤眼蜂能在一个相对稳定的气候条件下顺利羽化，并且能够有效地寄生梨园的梨小食心虫卵粒。

（张青文　供稿）

利用迷向丝对梨小食心虫的轻简化防控技术

一、针对的产业问题

梨小食心虫简称梨小，又名梨小蛀果蛾、东方果蠹蛾。分布很广，是我国各果树产区重要害虫。严重时虫果可达 70% ~80%，造成采收前大量落果，尤其多种果树邻近或混栽时梨受害严重。梨小既为害果实，也为害新梢。幼虫蛀果多从萼洼处蛀入，直接蛀到果心，在蛀孔处有虫粪排出，被害果上有幼虫脱出的脱果孔。幼虫蛀害嫩梢时，多从嫩梢顶端第三叶叶柄基部蛀入，直至髓部，向下蛀食。蛀孔处有少量虫粪排出，蛀孔以上部分易萎蔫干枯。

梨小食心虫迷向丝

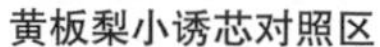
黄板梨小诱芯对照区

黄板梨小诱芯迷向区

梨小在河北、山东等地 1 年发生 3~4 代；河南、安徽、陕西等地 1 年发生 4~5 代；四川发生 5~6 代；江西和广西壮族自治区（全书称广西）可以发生 6~7 代。以老熟幼虫在树干翘皮下、粗皮裂缝和树干绑缚物等处做一薄层白茧越冬，还可以在根颈部周围的土中和杂草、落叶下越冬。成虫在傍晚活动，交尾，产卵，对糖醋液和人工合成的梨小食心虫性外激素有强烈趋性。成虫产卵于果实萼洼、梗洼和胴部，为害嫩梢时产卵于叶片背面。幼虫孵化后爬行一段时间即蛀入果实或嫩梢。在梨与桃、李混栽的果园，第一代幼虫主要蛀食桃、李嫩梢，第二至四代为害果实，以第三代为害梨最严重。

二、技术要点

梨树开花时，在梨园设置迷向丝（60 根 / 亩），悬挂于果树树冠上部 1/3 处稍粗且通风较好的枝条上，在整个防治区外侧边界的 3 排果树上，散发器用量加倍。结合套袋或打药 1 次（第三代成虫羽化高峰期），可有效控制梨小食心虫的为害。

三、适宜地区

梨小食心虫发生地区。

四、注意事项

2个月更换一次迷向丝；迷向丝距地面高度不低于1.7米；使用此项技术防治梨园的面积应大于10亩；在坡度较大的坡地上以及梯田方式建立的果园，使用剂量为平原地区使用量的1.2倍。

（张青文　供稿）

利用性诱剂预测梨园梨小食心虫发生期的方法

一、针对的产业问题

梨小食心虫是为害果品生产的重要害虫之一。近年来由于气候因素、新建果园设置不当、缺乏合理有效的测报技术、农药不合理使用等因素的影响，造成其为害有逐年加重的趋势。梨小食心虫的防治，果农一般凭习惯用药，而很少根据测报结果指导用药，导致大部分地区的用药次数达 8 次以上，不仅污染环境，造成果品农药残留超标，同时也大大增加了果品的生产成本。

性诱剂是监测害虫发生动态的有效手段之一，因具有高效、无毒、不伤害益虫、不污染环境等优点，已广泛应用于害虫的预测预报和防治。同时，还可以降低雌雄间的交配机率，减轻下代防治压力，从而达到防治的目的。

二、技术要点

梨树花芽萌动前开始，选择有代表性、面积约为 3~5 亩的梨园 2~3 块，每园对角线 5 点各选择 1 棵树，树间距不小于 20 米，每棵树悬挂 1 个性诱剂诱捕器，诱捕器悬挂在树冠外围距地面 1.5 米树荫处。每天观察记载诱捕器中的成虫数量，填写下表后将诱捕器中的虫子剔除。

表　梨小食心虫成虫性诱剂诱集记载表

单位：______ 地点：______ 年度：______ 调查人：________

调查日期（月/日）	品种	诱蛾数量（头）							气象情况	备注
		1	2	3	4	5	合计	平均		

注：诱集方法为诱捕器，备注内填喷药日期，药剂品种及诱捕器效果不稳定的其他原因。

诱捕器一般选用水盆型诱捕器。

水盆型诱捕器由诱芯、集虫盆和吊绳三部分组成。诱捕盆采用直径20~25厘米的塑料盆，吊绳使用18号铁丝或细绳，将三根铁丝（绳）的一端扎在一起，再分别将另一端等距离固定在诱捕盆上，盆口处距上沿约2厘米处按直径方向钻两个小孔，用铁丝悬挂一个性诱剂诱芯，诱芯位于铁丝中部，诱芯口向下，诱捕盆内放入含量为0.1%的洗衣粉水，液面高度距离诱芯1厘米。

使用诱捕器监测梨小食心虫的发生动态

用梨园调查数据的平均值作为梨小食心虫的发生消长动态资料。当性诱剂诱集到的成虫数量连续增加，且累计诱蛾量超过历年平均诱蛾量的16%时，表明已进入发蛾初盛期，累计诱蛾量超过历年平均诱蛾量的50%时，表明已进入发蛾盛期，越冬代发蛾盛期后推5~6天，即为产卵盛期，产卵盛期后推4~5天即为卵孵化高峰期；2~4代发蛾盛期后推4~5天，即为产卵盛期，产卵盛期后推3~4天即为卵孵化高峰期。

三、适宜区域

全国各个梨树主栽区。

四、注意事项

诱捕器需要经常清洗和加水，雨后需及时倒掉多余的水，并加少量洗衣粉。诱芯需要根据其有效期及时更换。

（张青文　供稿）

梨园蜗牛的防控技术

一、针对的产业问题

近年来，随着安全生产技术的普及和梨园生态环境的改善，蜗牛发生面积、为害程度有持续扩大、加重的趋势。在为害严重的梨园里，每株梨树上有蜗牛30~50只，最多可达上百只。梨园杂草、乱石中的蜗牛更是多得惊人，最多的地方，每平方米达200只以上。蜗牛的为害造成梨的产量下降、品质降低，影响果农的经济收入。

二、技术要点

在我国，为害梨树的蜗牛主要有条华蜗牛和灰巴蜗牛，常混合发生。

1. 形态特征

条华蜗牛：贝壳中等大小，壳质稍厚，坚固，呈低圆锥形。壳高10毫米，宽16毫米，有5~5.5个螺层，前几个螺层缓慢增长，体螺层膨胀，螺旋部低矮，略呈圆盘状。壳面黄褐色或黄色，有明显的生长线和螺纹。壳顶尖，缝合线明显。底部平坦，其周缘具有一条淡红褐色色带环绕，并在各螺层下部靠近缝合线处延伸形成颜色较浅的色带。壳口呈椭圆形或方形，口缘完整，其内有一条白色瓷状的环肋。轴缘外折，略遮盖脐孔。脐孔呈洞穴状。

灰巴蜗牛：贝壳中等大小，壳质稍厚，坚固，呈圆球形。壳高19毫米，宽21毫米，有5.5~6个螺层，顶部几个螺层增长缓慢、略膨胀，体螺层急骤增长、膨大。壳面黄褐色或琥珀色，并具有细致而稠密的生长线和螺纹。壳顶尖，缝合线深。壳口呈椭圆形，口缘完整，略外折，锋利，易碎。轴缘在脐孔处外折，略遮盖脐孔。脐孔狭小，呈缝隙状。个体大小、颜色变异较大。

条华蜗牛

灰巴蜗牛

2. 为害与习性

蜗牛以幼体、成体食害叶片或幼嫩组织和幼苗。初孵幼体取食叶肉，留一层表皮，稍大后把叶片吃成缺刻或孔洞。蜗牛喜欢生活于温暖潮湿的灌木丛、草丛、田埂上、乱石堆里、枯枝落叶下、作物根际土块、土缝等潮湿环境中，常在多雨季节形成为害高峰。多在4~5月交配产卵，卵圆形，白色，大多产在根际疏松湿润的土中、缝隙中、枯叶或石块下。蜗牛多在晴天傍晚至清晨活动取食。主要在土壤耕作层内越冬或越夏，亦可在土缝或较隐蔽的场所越冬或越夏。

3. 防治措施

防治蜗牛比较简便的方法是：在雨季蜗牛大量发生前，在树干上缠胶带，胶带上涂抹掺入食盐的粘虫胶，蜗牛爬经时身体沾上食盐即会死亡，因而不能上树为害。这种方法也可以供防治蛞蝓等软体动物时参考。此外，梨园放鹅、放鸭

蜗牛为害果实

树干缠胶带涂抹含盐粘虫胶防治蜗牛

也是防治蜗牛的好方法。

三、适宜区域

蜗牛为害严重的地区。

四、注意事项

抓住关键时期进行防治，才能取得事半功倍的效果。

（刘军　供稿）

梨园行间地面覆盖防治梨瘿蚊

一、针对的产业问题

梨瘿蚊俗称梨芽蛆、梨叶蛆，属双翅目瘿蚊科，目前已广泛分布于我国南方的大部分梨产区。主要以幼虫为害新梢嫩叶和花器，造成梨树的早期大量落叶、落花、落果，严重影响产量和果品质量，已经成为梨树生产上的一种重要害虫。

对于该害虫的防治，目前，主要以化学防治为主，同时辅以少量的农业防治。化学防治分为地面防治和树上防治两部分。由于梨瘿蚊的发生时间长，农药的用量大，不仅污染环境，而且在实施地面防治的过程中可能对地下水和土壤造成难以恢复的影响。积极探索其他有效的防控措施是当前生产实践中亟待解决的问题。

梨瘿蚊幼虫老熟后，如遇合适的气候条件，即脱离卷叶离开寄主，寻找适当场所结茧化蛹。大部分化蛹场所为距离树干周围150厘米，深2~4厘米的表层土壤，只有约20%的幼虫选择在根茎的皮缝中化蛹。

因此，土壤是梨瘿蚊完成其生活史重要的场所，采取合适的地面管理措施，可以从源头上阻断其侵染扩散途径，可大大减少化学农药的使用量，是控制该害虫有效的措施。

二、技术要点

从春季10厘米深土壤温度达到10℃时，根据梨树树冠的投影面的大小，在以树干为圆心，半径为50~150厘米的区域内，将杂草、石块等物清除干净，把树盘内地面耙平，覆盖一层柔韧性较好的塑料或其他材质的隔离物质，以阻止梨瘿蚊在土壤中化蛹。在果实生长的后期，对于某些需要着色的梨树品种，铺设地面反光膜，也可以在一定程度上阻止老熟幼虫入土化蛹。地面覆盖物需在梨瘿蚊最后一代为害结束后及时撤除。

地面覆盖塑料膜防治梨瘿蚊

三、适宜区域

全国各地梨瘿蚊发生严重地区。

四、注意事项

在降水少的地区，地面覆盖可以大幅减少水分的蒸发，有利于土壤的保墒。但是，在降水较多的地区或季节，地面覆盖后的梨树正处于生长旺盛期，蒸腾耗水较多，而覆盖会减弱雨水对根部的补给能力，因此，在相同的管理情况下易呈现缺水现象，应注意灌水，最好与滴灌、微灌等措施结合，防止干旱造成减产。在雨后脱叶高峰期，最好人工检查地面覆盖物上的老熟幼虫并集中处理。此技术与休眠期果园土壤的翻耕、生长期摘除虫叶、果园合理排灌等措施相结合，可有效控制该害虫的为害。

（张青文　供稿）

砂梨主要病虫害的综合防治技术

一、针对的产业问题

由于南方高温多雨的气候，造成砂梨病虫害发生频率高、为害重，且同期发生的病虫害种群复杂，难防难治，因此，砂梨病虫害防治，必须以生态保护防治为基础，立足“预防为主，综合防治”的植保工作方针，协调农业、生物、物理、化学防治等多种措施，把病虫害所造成的损失控制在经济允许水平以下，以达到优质、安全、高产、高效的目的。

二、技术要点

采用“一翻、二刮、三诱、四清”等综合技术措施防治砂梨主要病虫害。

一翻：即深翻行带。霜冻前深翻梨园行带 30 厘米，将表土翻入地下，破坏在土壤中越冬的梨实蜂、梨虎、梨瘿蚊等害虫的幼虫、蛹的越冬环境。

二刮：即刮除梨树粗皮（图 1），刮除多种附着在树干粗皮或粗皮内的害虫的卵、幼虫、茧蛹，如梨小食心虫、蚜虫、梨蝽等；刮除梨轮纹病瘤，减少再次侵染（图 2）。

三诱：即性引诱剂诱、黄板（图 3）和频振灯诱（图 4）、引诱果诱。用性引诱剂诱杀梨小食心虫。用黄板诱集梨蚜虫、梨茎蜂、梨木虱等。在 3~4 月有翅蚜虫迁飞期，树间挂黄板，每亩挂 4 块。果园挂频振灯、引诱果诱杀吸果夜蛾。

四清：即清除落叶落果、僵果、病虫枝；树干涂白（图 5），

图 1　刮除梨树粗皮

图 2　刮除轮纹病瘤

图 3　黄板诱杀

图 4　频振灯诱杀

或用石硫合剂进行树体喷雾消毒；清除地埂田间杂草；清除梨园附近桧柏树；清除梨园周围木防已。梨黑斑病菌、梨轮纹病菌、梨木虱卵等残留在落叶落果内。病虫枝为梨圆蚧、黑斑病等的藏身之处。狗尾草、毛草等杂草是梨网蝽、梨木虱、梨蚜的栖息之地和孳生场所。木防已是吸果夜蛾优势种群咀壶夜蛾、鸟咀壶夜蛾幼虫的专性寄主。桧柏树是梨锈病病原菌

图 5　树干涂白

的转主寄主，梨园周围2.5千米范围内的柏树越多梨锈病为害越严重。

三、适宜区域

南方砂梨栽培区。

四、注意事项

深翻行带要在霜冻前；刮下的树皮和病瘤要集中烧毁；诱杀害虫要选准时机；清园消毒干净彻底。

（刘先琴　秦仲麒　李先明　涂俊凡
杨夫臣　朱红艳　伍涛　供稿）

‘鸭梨’上化学农药的减量施用技术

一、针对的产业问题

传统的梨园管理主要以化学防治为主，普遍存在滥用高毒、高残留化学农药的问题，治虫的同时也大量杀伤了天敌，不仅污染了环境、破坏了生态平衡，也增加了害虫的抗药性。未来果品安全生产追求的目标是果园综合管理（IFM 或 IPM），即综合应用栽培手段、物理、生物和化学方法将病虫害控制在经济可以承受的范围之内，从而有效地减少化学农药的用量。

二、技术要点

通过化学农药的减量施用技术，可维护和修复梨园优良生态环境，增强果园生态控制能力，减少农药用量和果园管理工作量，降低果品农药残留，改善品质，最终实现安全、高效、优质生产。采取措如下。

1. 每年每亩秋施腐熟有机肥 3 000~4 000 千克。

2. 冬季刮粗皮、清园。

3. 梨树花期，每亩挂黄色粘虫板 20~30 张。

4. 梨树谢花后，在树干分枝以下，缠 1 圈 3 厘米 ×5 厘米宽的胶带（光滑的树干可以不缠胶带），然后在胶带上涂抹果树粘虫胶，涂抹宽度 2~3 厘米，防治黄粉蚜、康氏粉蚧等。

5. 4~9 月，梨园内悬挂频振杀虫灯，每天 20：00 开灯，第二天早晨 6：00 关灯。

6. 自 6 月开始，试验园每亩品字形悬挂 3 个梨小性诱捕器，每天观察诱蛾情况，视诱蛾情况喷药防治。

7. 药剂施用时期，全年施药 7 次。

芽前：5 波美度石硫合剂。

花后 7 天：氯虫苯甲酰胺 10 000 倍 +10% 吡虫啉 3 000 倍 +80% 代森锰锌 800 倍。

套袋前：易保 1 200 倍 +70% 甲托 800 倍 + 万灵 3 000 倍。

麦收后：1.8% 阿维菌素 4 000 倍 +25% 灭幼脲 1 500 倍 +10% 苯醚甲环唑 4 000 倍。

1∶2∶200 波尔多液。

7 月中下旬：48% 毒死蜱 1 500 倍 +3% 啶虫咪 2 000+20% 戊唑醇 2 000 倍。

8 月中下旬：10% 吡虫啉 3 000 倍 +40% 氟硅唑 6 000 倍。

农药减量技术的应用使鸭梨园全年喷药防治病虫害的次数由以前的 12 次以上减少到 8 次以内，用药量减少 30% 左右，生态环境得到改善，产品质量和安全水平得到提升。

三、适宜区域

山东中西部地区。

四、注意事项

按照技术规范进行。

（王少敏　张勇　供稿）

梨园冬季病虫害的药剂防治

一、针对的产业问题

冬季是梨园病虫害周年防治的关键时期。石硫合剂和波尔多液是多年来果农常用的两种低成本、低毒高效杀虫杀菌剂。通常，果农只会选用其中一种进行防治，且因配制方法不当造成效果不佳。目前，根据新西兰专家提供的冬季病虫害防治方法，结合云南省的实际情况，笔者单位用石硫合剂和波尔多液搭配进行综合防治，经过近几年观察，凡是冬季严格喷洒过的果园，翌年病虫害可得到显著控制，尤其是病害的控制效果更为明显。

二、技术要点

1. 石硫合剂母液的配置

石灰：硫磺粉:水 =1：2：10 千克，先用水将石灰溶解并加热，待加热沸腾后，用网勺捞出残渣，加入事先用少量热水调好的硫磺糊，并记下水位。用大火煮，经常加热水补充散发的水，煮到溶液为深红棕色时即可，冷却后即为母液，再根据实际用的度数加水配置。

2. 波尔多液的配置

石灰：硫酸铜：洗衣粉：水 =2：1：0.5：200 千克，用少量水将石灰溶解待用，用大量水溶解硫酸铜，然后将硫酸铜加入石灰中，边加边搅拌，直至成为天蓝色的透明悬浮液。

3. 农药喷施

梨园落叶后喷一遍波尔多液，2 周后即可修剪，修剪完 1 周后喷洒 5~6 波美度石硫合剂，花芽萌动前再喷一次波尔多液或者石硫合剂，此时喷施浓度要降下来，一般石硫合剂在 3 波美度左右，以免伤害花芽。

4. 成本

石灰 500 元 / 吨，硫磺粉 2 000 元 / 吨，硫酸铜 17 元 / 千克，每亩开支在 70 元左右。农户可以直接购买石硫合剂晶体自己配水，但是成本稍高。

三、适宜区域

本技术广泛适用于云南省各地梨栽培种植区。

四、注意事项

1. 熬制石硫合剂母液时，只能用铁锅或瓦罐，不能用铜锅；先熬石灰，等石灰透明后再加入硫磺粉。

2. 两种药剂都必须随配随用，以免降低药效。

3. 喷洒时，要从上到下全部喷洒，如有落叶，一定要注意将地面叶片也仔细喷洒。

4. 两种药剂不能混用，间隔期必须在 20 天以上。

（舒群　供稿）

应用黄色粘板结合诱芯对梨园害虫的诱杀技术

一、针对的产业问题

虽然当前全国梨果的总体产量保持在一定的水平，供应量基本可满足广大民众的需求量。但梨农在生产的过程中为了避免害虫为害所带来的经济损失，大量使用化学农药，导致部分梨果农药残留超标，这类流入市场的梨果严重威胁着人们的身体健康。这种片面追求经济效益而不注重梨园生态发展的现象不仅对中国梨果产量造成了极大的负面影响，同时也导致梨园害虫的抗药性呈指数上升趋势，某些年份甚至出现了害虫暴发性为害，这对防治工作提出了更严峻的挑战。

黄板诱虫技术是利用昆虫的趋黄性诱杀农业害虫的一种物理防治技术，在梨园中我们将黄板结合梨小诱芯可诱杀到梨木虱、梨小食心虫、梨茎蜂、梨蚜、蝽类等害虫（图 1）。黄板诱虫技术作为一种新型的无公害防治方法已在多领域获得应用，均取得了不错的防治效果（图 2）。

二、技术要点

1. 悬挂高度

在树龄较大、树势较强的梨园，悬挂高度约 1.60~1.70 米，在树龄较小（一般为 3~5 年的树龄）、树势较弱得梨园，黄板的悬挂高度为 1.50~1.60 米。

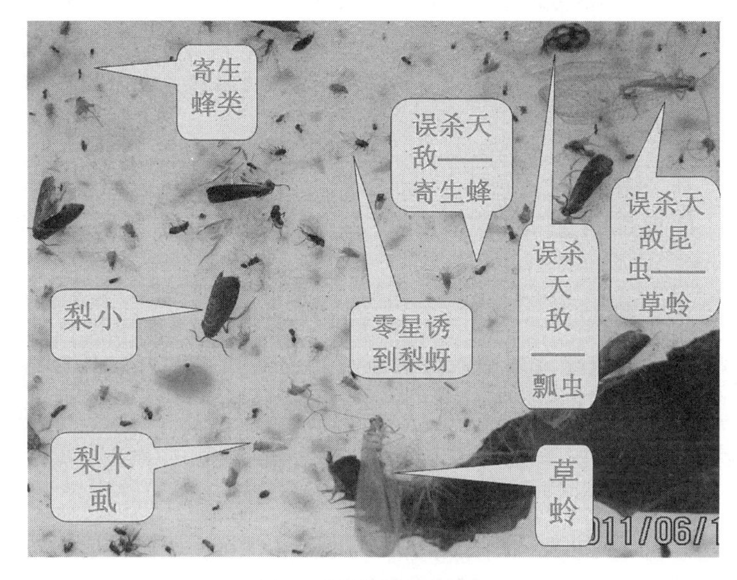

图 1　黄板诱杀到的昆虫

黄板虽然对害虫具有很好的诱杀效果，但同时对园内的天敌也具有一定的诱杀作用

图 2　黄板在梨园中的应用

将黄板悬挂于通风向阳处，利用害虫的趋黄性并结合梨小性诱剂诱芯诱杀梨小等梨园害虫

2. 悬挂时间

梨小食心虫从桃园开始转入梨园为害时悬挂，在宁陵县的悬挂时间为5月初。

3. 悬挂密度

黄板规格为20厘米 ×25厘米，悬挂的密度为20~25张/亩。

4. 悬挂方法

将两根铁丝分别穿入黄板左右两边的孔洞，然后因地制宜将其悬挂在梨树的枝杈处，铁丝呈螺旋状拧紧，保证黄板不随风飘飞。

5. 悬挂方位

悬挂时找准梨园内相对空旷的地界，保证黄板悬挂后阳光可以照射到。利用太阳的反射原理可将昆虫的趋黄性发挥到最大。

三、适宜区域

全国各个梨树主栽区。

四、注意事项

1. 部分地区害虫发生的时间可能会有提前，所以，在园内大量悬挂黄板之前应提前悬挂一部分黄板作为监测之用。掌握好当年梨园虫害的发生情况，有的放矢，合理防治。若害虫发生情况呈现暴发性为害趋势，应配合其他防治方法对梨园虫害进行综合防治。

2. 黄板的悬挂方位与其诱集的虫量有很大关系。在向阳处黄板上诱集到的虫量基本可以布满整个黄板，在背阴处黄板上诱集的虫量明显减少。悬挂时一定要保证黄板的平整和光滑。所以，在黄板悬挂时一定要掌握好技术要点，发挥黄板最大的防治效能。

3. 黄板一定要定期更换，一般黄板的有效期为一个月左右。在梨园内出现暴风雨之后一定要检查黄板的悬挂情况，若出现黄板位置偏差，树叶沾满黄板，一定要及时处理这类意外情况。

（张青文　供稿）

利用电脑统计粘虫板诱捕虫数量的方法

一、针对的产业问题

三角形诱虫屋是一种广泛使用的害虫监测设备，具有高效、专一的特征，广泛用于鳞翅目害虫的动态监测。该诱捕器由塑料板围成，横向开口呈三角形，在底部放置粘虫板，粘虫板上放置性诱剂诱芯。诱虫屋因受天气影响小，操作方便，广泛用于食心虫的监测。但是在实际的调查过程中，当诱捕的虫数数量较多，统计虫数时由于缺乏标记物和视觉的原因，容易重复、遗漏统计，形成数据误差，影响预测预报的准确性。

为此，我们开发了一种统计粘虫板诱捕虫数的实用方法，该统计方法通过采集图像将数据带回室内在个人电脑上使用软件处理，统计过程灵活，操作方便，统计数据准确。使用的设备为日常使用的数码产品，方便实用。提高了统计速度，节约了调查时间，避免了野外调查时天气的影响，保证了数据的准确性，并保留了图像，方便以后核查。

二、技术要点

在梨园设置好梨小食心虫诱虫屋，需要调查时，将诱虫屋内的粘虫板分别编号后带回室内，使用相机对粘虫板粘虫面照相，采集图像。

将照片输入到个人电脑中，使用 Adobe Photoshop CS4 打开，放大画布至合适的大小——新建图层——点选“铅笔”工具对图片进行处理，每统计一头食心虫，在图片上使用“铅笔”工具将其划去，做好标记；依次统计虫数直到完成整个图片。

关闭程序，系统询问是否保存，选择取消键，避免对图片造成的修改，方便后期查阅。

当图片上有其他的昆虫或者物体存在干扰而难以分辨时，将画布放大以做分辨。

粘虫板上的梨小食心虫

三、适宜区域

全国各梨产区。

四、注意事项

相机所选的分辨率可根据实际情况确定，像素过高，浪费存储空间，并且软件操作时不方便；像素过低，图片模糊不易分辨；一般采用 1 600 × 1 200 统计虫数即可。如果存贮空间够用建议使用 3 264 × 2 448 像素。

（张青文　供稿）

梨园病虫害的安全省力化防控技术

一、针对的产业问题

目前，在我国严重为害梨产业的病虫害尚未得到根本性控制，而新的梨病虫害仍不断出现。一方面，由于一些主要和常见病虫害在我国梨产区的流行规律和有效控制还没有取得根本性的突破，造成了严重的经济损失，如梨黑星病、轮纹病、食心虫等；另一方面，由于我国梨的栽培范围极广，国内外品种资源交换频繁和全球气候变暖，梨产区一些次要病虫害上升为主要病虫害，如梨木虱、梨瘿蚊、炭疽病等。另已发现一些新的病害发生，如梨枝枯病。此外，还有一些不明的病虫为害。梨树病虫害的严重发生已成为我国梨树安全生产的主要障碍之一。

由于多方面的原因，我国对梨树病虫害综合防控的技术还显得十分薄弱，区域性的病虫害防控技术体系尚未形成。因此，我国梨病虫害防治体系建设要切实加强“预防为主，综合防治”的病虫害综合防治理念、安全食品理念和农药科学使用理念。

推广梨园病虫害安全省力化防控技术，可以有效的提高梨树产量，科学合理的防控病虫害的发生，减少病原、虫原基数。在一定程度上还可以减轻由于大量施用农药带来害虫抗药性，杀伤有益昆虫和导致梨产品中农药残留量过大等问题的发生。

该技术的长期合理应用，将明显提高梨树的产量与品质，同时，可以减少农药的使用量，从而减轻环境与梨产品中农药残留量过大的问题。

二、技术要点

梨园病虫害综合防治的原则是：以农业和物理防治为基础，提倡生物防治，依据病虫害的发生规律和经济阈值，科学使用化学防治技术，最大限度地减轻对生态环境的污染和对自然天敌的伤害，将病虫害所造成的为害损失控制在经济允许水平之内。

1. 选用抗病虫品种，栽培无病毒苗木

合理的梨树区划和品种组合，是综合防治的基础。梨树不同品种间抗性差异十分显著，为了实现梨树的优质和丰产，应注意选用抗病虫品种。

梨树病毒主要通过嫁接传染，随同接穗和苗木远距离传播。在长期的营养繁殖过程中，梨树病毒逐年积累，为害日益严重。梨树受病毒侵染后终生带毒，持久为害，而且无法用化学药剂进行治疗，培育无病毒母本树、栽培无病毒苗木是防治梨树病毒病的根本途径。无病毒梨树长势好，抗逆能力强，可减少化肥和农药使用量。这些优点符合梨无公害果品生产需要，在梨无公害生产中尤其应大力提倡无毒化栽培。

2. 清园

秋末冬初，彻底清扫梨园落叶、病果和杂草，摘除僵果，予以集中销毁或深埋，可以消灭在其中越冬的病菌和害虫。结合冬剪，剪除着生腐烂病、轮纹病与干腐病等的病枝和着生蚜虫、叶螨与卷叶蛾的虫枝；在夏季，结合疏花疏果，摘除白粉病叶芽和卷叶虫等；在生长季节，及时摘除、清理果园内炭疽病、轮纹病、梨小食心虫和卷叶虫等为害的病虫果。刮除和销毁梨树的老粗皮和翘皮，可以杀灭在其中越冬的叶螨、潜皮蛾和卷叶虫等害虫。但在刮皮时要注意保护天敌，特别是靠近地面主干上的翘皮内，天敌数量较多，应少刮或不刮。

3. 提高树体抗性

（1）合理密植、间作和套作：梨与苹果、桃等果树不能混栽，否则易导致梨小食心虫、桃蛀螟等害虫的发生。确定定植密度，既要考虑提前结果及丰产，又要注意果园的通风透光和便于管理。梨园间作绿肥及矮秆作物，可以提高土壤肥力，丰富物种多样性，增加天敌的控制效果。

（2）加强肥水管理：提高梨树耐害能力要施有机肥，减少氮肥施用量，并对叶面喷施铁、钾、磷等微肥，从而不仅提高树体的营养水平，促进丰产优质，而且提高树体对腐烂病、轮纹病、白粉病等多种病害的抵抗力。如果氮肥偏多，则不仅会导致白粉病、轮纹病的为害，而且有利于叶螨和蚜虫的发生。因此，一定要加以避免。

（3）合理修剪：通过冬季修剪，将在梨树上有越冬虫卵、幼虫和越冬茧等的枝条以及病枝与病果剪去，可以减轻翌年的为害。通过夏剪，改善树体通风透光条件，可以减少轮纹烂果病和斑点落叶病等病害的发生与蔓延。

（4）深翻果园：封冻前，将树冠下的土壤深翻 20~30 厘米，将下层土翻至上层，既可熟化土壤，又可杀灭土中越冬的梨小食心虫和山楂叶螨等害虫，减少虫害的发生。

4. 物理防控措施

（1）黑光灯或杀虫灯：鳞翅目的蛾类、同翅目的蝉类、鞘翅目的金龟子等，均有较强的趋光性。果园可设置黑光灯或杀虫灯，诱杀多种果树害虫，把其为害控制在经济损失水平以下。

（2）糖醋液：梨小食心虫、金龟子和卷叶蛾等，对糖醋液有明显的趋性。可配制糖醋液（糖 6 份、醋 3 份、酒 1 份、水 10 份），在其发生期进行诱杀。用碗制成诱杀剂挂于树上，每天捡出虫尸，并加足糖醋液。每亩挂 7~8 个诱杀器。

（3）树干捆草：利用害虫，如二斑叶螨、山楂叶螨、梨小食心虫和梨星毛虫等在树皮裂缝中越冬的习性，在树干上束捆干草、破布和废报纸等物，诱集害虫进入其中越冬。到来年害虫出蛰前，将其集中消灭。

（4）树干涂白：树干涂白，可防日烧和冻裂，延迟萌芽和开花期，并可兼治枝干病虫害。

（5）黄色粘虫板：在梨树初花期前，将黄色双面粘虫板（规格 20 厘米 ×30 厘米）悬挂于离地 1.5~2.0 米高的枝条上，每亩均匀悬挂 12 块，利用粘虫板的黄色光波引诱成虫，使其被粘住致死。

5. 生物防控技术

（1）充分发挥天敌的自然控制作用：在梨无公害果品生产中，应充分发挥天敌的自然控制作用，避免采取对天敌有伤害的病虫防治措施。尤其要限制广谱有机合成农药的使用，同时改善果园生态环境，保持生物多样性，为天敌提供转换寄主的良好的繁衍场所。在施用化学农药时，要尽量选择对天敌伤害小的选择性农药。冬季刮树皮时，要注意保护翘皮内的天敌。有条件的梨园，可进行生草覆盖，改善生态环境，招引天敌，增加天敌数量，提高天敌的多样性和对害虫的控制能力。

（2）人工饲养和释放天敌：目前赤眼蜂人工卵已可进行半机械化生产。在梨小食心虫成虫羽化高峰期 1~2 天后人工释放赤眼蜂，每 3~5 天释放 1 次，连续释放 3~4 次，每亩释放 3 万 ~5 万只，可收到良好的防治效果。

（3）利用昆虫性外激素：目前，利用最多的是人工合成的昆虫性外激素。我国有桃小食心虫、梨小食心虫、梨大食心虫、桃蛀螟和桃潜蛾等害虫的果园用性诱剂，主要用于害虫发生期监测、大量捕杀和干扰交配。

（4）利用微生物及其代谢产物：用苏云金杆菌及其制剂防治桃小食心虫初孵幼虫，有较好的防治效果。在桃小食心虫发生期，按照卵果率1%~1.5%的防治指标，对树上喷洒Bt乳剂或青虫菌6号800倍液，防治效果良好。用农抗120防治果树腐烂病具有复发率低、愈合快、用药少和成本低等优点。

杀虫灯诱杀

防虫带诱杀

黄色粘虫板

树干涂白

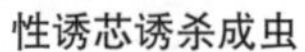

性诱芯诱杀成虫

性迷向丝干扰成虫交配

三、适宜区域

全国梨产区。

四、注意事项

各地根据实际情况，可有针对性地进行适当选择与组装。

（王国平　刘凤权　张青文　刘奇志　供稿）

梨园鸟害的简易防控技术

一、针对的产业问题

近年来，由于人们对生态环境保护意识的增强，退耕还林等森林面积的增加，捕鸟行为的减少，导致鸟类的数量增加，果园内鸟类猖獗的问题越来越严重，严重影响了水果的产量和质量。在我国为害果实的鸟类，基本是鸟纲雀形目的喜鹊、山喜鹊、红嘴（长尾）蓝鹊，尤其是红嘴蓝鹊的加盟，使为害更加严重。2005 年，由于鸟类的啄食，北京市果园每年损失 5%~10% 的果品，个别果园的损失率甚至高达 30% 以上。害鸟之所以造成这么大的损失与它们的破坏方式有关，通常情况下，害鸟啄食的对象都是正值成熟时期的果实，这些果实饱满、没有遭到虫害，市场价值较高，一旦被啄食，只能以低价售予市场或果汁厂；同时，被啄食的伤口还会引起盘菌属或葡萄孢属等真菌的滋生，从而引起烂果。近年来，鸟类造成沙氏门菌和其他病原菌侵入食品供应的可能性已引起了人们的关注。此外，还会引起提前落果，导致果实以劣质品进入市场，影响水果品质和价值。因此，加强鸟害防治对于果园来说是一项非常艰巨而且重要的任务。

二、技术要点

智能语音驱鸟器是一款专门用于果园驱鸟的驱鸟器。应用最新数字语音存贮技术集成多种鸟类天敌以及各种电子模拟声，采用随机播放顺序、随机播放间隔、随机播放频率 3 种随机方式播放声音芯片库中的声音，音质好，声音宏远，有效防止了鸟类的适应性。它不仅可以用鸟类恐惧、愤怒声音驱赶鸟类还能利用这些声音吸引天敌。使用该产品可挽回 30%~70% 的鸟害损失（下表）。采用这种驱鸟器为近年来鸟儿对果园水果造成的巨大损失提供了一种有效的解决方法。

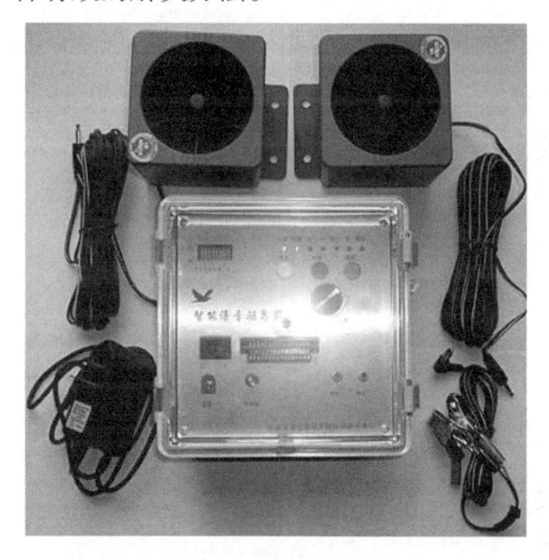

智能语音驱鸟器实物图

三、适宜区域

我国各梨产区。

使用驱鸟器与否的损失情况表

果品种类	樱桃	葡萄	苹果	杏	梨	桃
亩产（千克）	1 500	3 500	2 500	1 500	1 750	2 500
不使用驱鸟器损失比例	30%	20%	10%	15%	10%	20%
不使用驱鸟器损失产量（千克）	450	700	250	225	175	500
使用驱鸟器减少损失比例	50%	50%	50%	50%	50%	50%
使用驱鸟器挽回损失产量（千克）	225	350	125	112.5	87.5	250

参考资料 http://www.linguo.com.cn/quniaozhuanti.asp

四、注意事项

智能语音驱鸟器的作用面积为10亩，最多达130亩。60亩果园设置一台12喇叭语音驱鸟器。在进行害鸟防治时应该注意具体情况具体分析，针对果园的各项参数制定适宜的防治措施，尽早防治，同时防治方法灵活化，避免固定化，在方法失效时尽快地更改策略，以达到最好的防治效果。

（张青文　供稿）

梨园驱鸟剂的使用技术

一、针对的产业问题

梨果实味美、多汁，颜色多样，容易吸引鸟类啄食，一些梨园由鸟害造成的损失可达总产量的30%~70%。如何对鸟害进行科学、有效地防治已成为一个迫切需要解决的问题。

在我国北方地区，为害果园的鸟类主要为喜鹊和灰喜鹊等。这两种鸟均为留鸟，食性杂，主要在白天活动。在果园不仅可以为害果实，春季还可啄食嫩芽，踩坏嫁接枝条，使新嫁接树受到损失。

二、技术要点

驱鸟胶体合剂防治鸟害，可减少鸟害80%以上，配合其他防治方法，可将鸟害控制在允许的范围内，同时还可保护野生鸟类，维护人与自然的和谐。

驱鸟剂可缓慢持久地释放出气体，鸟雀闻后产生不适，即会飞走，对喜鹊、灰喜鹊、乌鸦等鸟类驱避作用明显。不伤害鸟类，对人畜无害，通过了国家有关部门的质量和安全性认证。

使用时，一瓶100毫升的驱鸟剂，零售价约20多元，配2.5升药液，分装到40~50个饮料瓶中，可以控制一亩地，有效期在一个月以上。饮料瓶盖紧盖，在瓶上用电烙铁等烫出5~6个小拇指粗的孔，便于药液挥发。一般1~2棵树挂一饮料瓶，株行距大时，1棵树可挂2瓶，瓶的位置挂在树的中部。药液挥发后，应注意随时添加。如发现瓶内有胶体沉淀，应及时摇晃，使胶体溶解，以保证防治效果。在鸟类啄食果实之前使用驱鸟剂，对鸟类提前产生驱避作用，防治效果会更好。

使用驱鸟剂防治梨园鸟害

三、适宜地区

鸟害严重的果园。

四、注意事项

驱鸟剂驱鸟应与声音惊吓，悬挂光盘、彩带等闪光、可飘动的物体等驱鸟方法结合使用，避免防治方法单一，提高防鸟效果。

（刘军　供稿）

梨园春季晚霜冻害预防技术

一、针对的产业问题

梨是落叶果树中萌芽和开花较早的树种之一，经常遭遇春季晚霜冻害，从而给生产带来严重损失。结合国内外的应用实际，可以采用以下措施进行晚霜冻的预防。

二、技术要点

1. 燃烧法

（1）常见的燃烧材料及方法见下表

梨园防霜用燃烧材料及燃烧点设置表

种 类	设置燃烧点数目（亩）	注 意 事 项
柴　油	20	小油罐上部打孔，燃烧时间可延续11小时
橡胶（废旧轮胎）	15	1/3埋入土中，通过调节埋入深度来调节火力
锯末油	18	1亩用量：锯末15千克;柴油30升，混合后装入2.5千克塑料袋中
麦草秸秆	20	干草中加入适量湿草，增加燃烧时间和放烟效果
花生壳	25	加入适量湿草
烟雾剂	15	可自制，硝铵+锯末+柴油，混合后装入2.5千克塑料袋中

锯末油简易防霜袋的制作如图 1 所示：将锯末和油混合，装入塑料袋中，绑扎封口后翻转塑料袋，底部埋入土中固定，在上部重新开一个小口，需要时加入适量引燃剂即可点火防霜。

（2）点火管理

A 燃烧点设置：主要依据燃烧器具的种类、降温程度、发育阶段、防霜面积等来确定。原则是园外围多，园内少；冷空气入口处多，出口处少；地势低处多，高出少。

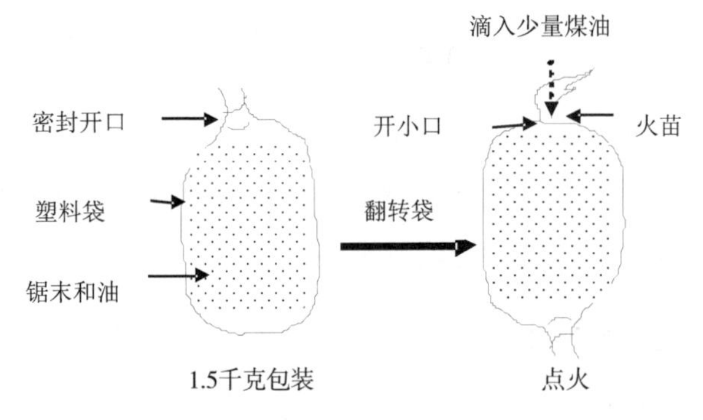

图1 简易防霜烟袋制作方法

B 点火时间：通常梨树树体温度比气温低 1~2℃，确定危险温度后，一般在高出危险温度 1℃左右点火最佳。点火过早，浪费资材；点火过晚，防霜冻效果差（图2）。

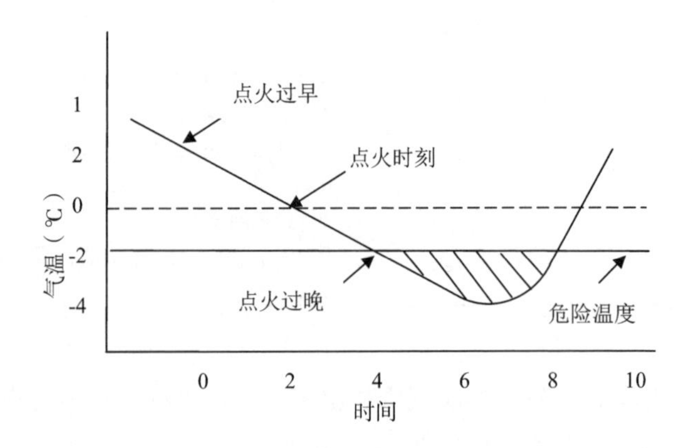

图2 梨园防霜适宜点火时间

C 点火要点：首先确定空气流入方向，外围要早点火，然后依据温度下降程度确定点火数目和调节火势大小，尽量控制园内温度处于危险温度以上。如夜间有风或多云天气，降温缓慢，可熄灭部分燃烧点，节约燃料；反之则应增加点火数目，提高园内温度。霜冻发生重的天气，日出前不要断火，并保持火势不要减弱，这一点很重要。

2. 加热法

在果园间隔一定距离，放置加热器如蜂窝煤炉等，在霜冻前点火加热，促使下层空气变暖上升，而上层原来温度较高空气下降，在梨树周围形成暖气层，一般可提高温度 1~2℃。

3. 灌水法

霜降前为避免土壤温度下降过快，依据天气变化情况，可在霜降前夜果园灌水，井水温度一般可达 12~14 ℃，利用水温来提高地温，通常可提高地温 5~10 ℃，增加土壤热容量，提高地表温度。

4. 覆盖法

采用花期早套袋以及树体覆盖无纺织布、塑料薄膜、报纸等措施，改善树体周围小气候，减轻霜害。

5. 喷水法

主要原理为：1 克水结冰能够释放出 334.4 焦热量（结冰潜热），通过结冰潜热来补充长波散热，保持叶温在 0℃左右，防止霜冻发生。一般借助果园喷灌设施，当温度降至 0 ℃时开始对树体连续喷水，喷水量控制到滴水程度为止，喷水时间延续至第二天凌晨。在喷水时要尽量避免边缘地带和死角部的不均；喷水期间要定期巡回检查，及时消除旋转喷头因冻结而停转；为防止出现中途喷水停止，加重为害现象，要提前做好水源、设备和人力等准备工作。

6. 送风搅拌法

（1）送风机：主要应用到一些果园立地条件易产生低温逆转层的地形，可通过塑料管道直接将热空气送达果树周围，1台风机的有效面积可达到40~60亩。但因噪音、设施费用等问题，目前尚难以大面积应用。

（2）防霜扇：国外小型的防霜扇已广泛应用到茶园、梨园和葡萄园等。我国也在一些茶园尝试应用。主要原理是利用气温逆转层的温差，通过风力吹动高空热气与地面冷气交换混合，提高植物体周围温度，防止霜冻的发生。一般架设高度6米，扇面呈45度角吹风，此法与燃烧法结合使用效果更佳。

7. 栽培技术措施

霜害发生与树体管理关系密切，适宜的栽培措施可减轻霜冻为害，频繁发生霜冻的果园，在栽培上要注意以下事项。

（1）强化树势：加强果园田间管理，提高树体营养水平，尽量避免枝条发育不良引起的软弱徒长。

（2）多留花枝：修剪时不要过多疏除花芽枝，应适当多留花芽。

（3）分序分位定果：疏花蔬果时避免摘除相同序位花果，应预留不同序位和不同类型枝花果，不要一次性定花定果。

（4）推迟花期：通过春季多次灌水或喷水，降低地温和树温，延迟发芽；利用腋花芽结果，腋花芽春季萌发和开花比顶花芽迟，有利于避开晚霜冻；同时可结合树干涂白延迟花期，如在秋末冬初进行主干涂白（生石灰：石硫合剂：食盐：黏土：水＝10：2：2：1：（30~40）)，可以减少对太阳能的吸收，使树体温度在春天变化幅度变缓，减少树体冻害和日烧，延迟萌芽和开花，如果早春用9%~10%的石灰液喷布树冠，可使花期延迟3~5天。

（5）解除覆盖：秸秆和地膜覆盖园，霜降期应收集起来，危险期过后再行铺设。

（6）冻后授粉：受冻后晚开花的花芽抗冻能力强，及时授粉可减轻霜冻为害。

（7）在梨园周围营造防护林。

三、适宜地区

全国梨栽培区。

（王然　供稿）

梨树三种缺素症的矫治方法

一、针对的产业问题

北方地区土壤偏碱，果树常常表现出多种缺素症。较为严重的是：梨、桃、苹果的缺铁症，苹果的缺锌症，梨、苹果、桃的缺硼症，造成产量和品质的严重下降。现介绍一种在果树萌芽期进行矫治，投资少、效果好的解决办法。

二、技术要点

1. 缺铁症的矫治

梨、桃、苹果缺铁后，叶片黄化，早期落叶病和穿孔病极易感染，造成树体早落叶，严重降低树势产量和品质，缺铁严重时，树体死亡。可于3月10~18日花芽膨大期，树体淋洗式喷布20倍硫酸亚铁。4月展叶后可以看出叶片黄化程度明显减轻，轻者可愈。每年花芽膨大期树体喷一次20倍硫酸亚铁，坚持3~4年，缺铁症基本消失。

连续喷铁肥的效果

未喷铁肥的效果

2. 缺锌症的矫治

梨、苹果缺锌后，树体新稍出现小叶，且叶片发硬，花芽少，坐果率低。可于3月10~18日花芽膨大期，树体淋洗式喷布50倍硫酸锌。4月展叶后可以看出小叶明显减少，轻者可愈。每年花芽膨大期树体喷一次50倍硫酸亚铁，坚持2~3年，缺锌症基本消失。

3. 缺硼症的矫治

缺硼后，花粉管伸长慢，花朵坐果率低。于3月10~18日花芽膨大期，树体淋洗式喷布50倍硼砂，树体吸收后，在开花时，硼就能发挥作用，树体正常坐果。每年花芽膨大期树体喷一次50倍硼砂，结合人工授粉和蜜蜂传粉，年年坐果良好。

三、适宜区域

适合北方土壤偏碱，并且果树表现缺素症状的地区。

四、注意事项

1. 喷施时不能和石硫合剂混合喷。因石硫合剂是强碱性，混合后会失效。可和五氯酚钠混用。

2. 若萌芽期以矫治缺素症为主要任务，铲除剂可不用石硫合剂，改用五氯酚钠，以免效果差。

3. 由于萌芽期喷肥浓度过高，在操作时要注意防护，特别要带眼镜，保护双眼。

（王东升　史济华　供稿）

第六篇

果园机具

果园风送式喷雾技术

一、针对的产业问题

手动喷雾器或者担架式机动喷雾机，作业效率低，喷洒出去的雾滴很难穿透果树茂密的冠层，只有加大施药量喷雾，结果导致药液大量流失，不仅浪费药水，而且污染生态环境，防治效果不理想。而风送式喷雾技术利用气流的动能改善药液雾化的同时，把药液雾滴吹送到果树冠层中。风机的高速气流促使枝叶翻动，增强了雾滴穿透性，提高了雾滴在冠层中的沉积，可有效改善药液的分布。

二、技术要点

果园风送式喷雾机是一种适用于大面积果园喷药的机具，它具有喷雾质量好、用药省、用水少、生产效率高等优点（图 1）。在田间实际作业时应注意几个要点。

图 1　果园风送式喷雾机田间作业情形

（1）施药气象条件

①气温大于 35℃的酷暑天中午烈日下应尽量避免喷药。

②喷洒作业时，自然风速应低于 3.5 米 / 秒（3 级风），可避免农药雾滴飘移污染。

③应避免在降雨时进行喷洒作业，以保证良好防效。

（2）果树种植要求

①果树生长高度应在 5 米以下。

②果树枝冠应修剪整齐一致，冠形、冠厚基本一致。

③果树行距应为果园风送式喷雾机宽度的 1.5~2.5 倍，行间不能种植其他作物（绿肥等不怕压的作物除外）。地头空地的宽度应大于或等于喷雾机组转弯半径。

④行间最好没有明显沟灌溉系统。

（3）喷雾机调整

①喷头配置：根据果树生长情况和施药量要求，选择喷头类型和型号。如将树高方向均分成上、中、下 3 部分，喷药量的分布大体应是：1/5，3/5，1/5（图 2）。如果树较高，喷雾机上方可安装窄喷雾角喷头以提高射程。

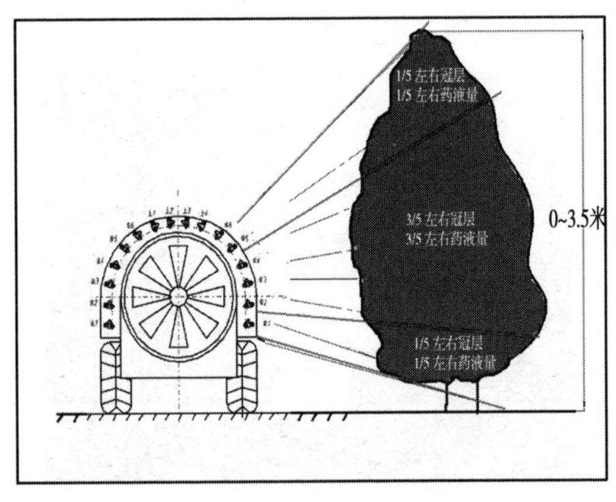

图 2　果树冠层药液沉积比例分配

图 3　不同型号喷头选择

②喷量调整：根据喷量要求选择不同孔径、不同数量喷头（图 3）。

③泵压调整：顺时针转动泵调压阀，使压力增大，反之压力减小。泵压一般控制在 1.0~1.5 兆帕。

④喷幅调整：根据果树不同株高，利用系在风机上的绸布条观察风机的气流吹向，调整风机出口处上、下挡风板的角度，使喷出雾流正好包容整棵果树（图 2）。

⑤风量风速调整：当用于矮化果树喷雾时，仅需小风量低风速作业，此时降低发动机转速即可。

（4）作业参数计算

①喷雾机行进速度计算：喷雾机行走速度除与施药量有关外，还要受风机风量的影响。风机气流必须能置换靶标体积内的全部空气。机组行走速度可由以下公式计算：

$$V=\frac{Q\times 10^3}{B\times h}$$

式中 V——拖拉机行驶速度，千米 / 小时；

Q——风机风量，立方米 / 小时；

B——行距，米；

h——树高，米。

V 值一般在 1.8~3.6 千米 / 小时（0.5~1.0 米 / 秒），如果计算的速度超此范围，可通过调整喷量（改变喷头数量、喷孔大小等）方法来调节。

②作业路线确定：作业时操作者应尽可能位于上风口，避免处于药液雾化区域。一般应从下风处向上风处行进作业。同时机具应略偏于上风侧行进。

三、适宜区域

适用于大、中、小型矮化密植型果园病虫害防治的农药喷洒作业。

四、注意事项

1. 果园风送式喷雾技术每米树高推荐的施药液量为 600~800 升 / 公顷，远小于担架式喷雾机 10 000 升 / 公顷喷施量，因此，所配农药浓度需提高 2~8 倍。

2. 在喷雾过程中，喷雾机需不停顿持续前进，防止停顿造成局部果树药害。

（吕晓兰　蔺经　王中华　常有宏　供稿）

果园简易高效喷雾设备

一、针对的产业问题

传统果园打药工具如手动背负式喷雾器或电动背负式喷雾器，药箱体积小，防治作业面积小，需要常配药、加药，费工、费时、费药；现代先进的喷药设备投资上万元，价格过高，普通果农负担不起。

二、技术要点

喷雾设备及作业情况

1. 果园简易喷雾设备结构

如上图所示，药箱可根据果树实际情况设计大小及高度；在药箱后面有 3 根喷药杆，其中，两根呈“八”字斜立于药箱的后面，与水平夹角为 60~70 度（可根据果园树形调整），杆长 1.6 米左右，其上分别固定 8 个喷头，共 16 个喷头，均与水平呈 20 度角，左右的朝向外面，主要用于果树（梨园为“Y”字形树形）喷施农药及叶面喷肥；另外一根呈水平状，距地面高度约 50 厘米，长度为 2.5 米左右（该梨园行距为 3 米），其上每隔 50 厘米固定一喷头，喷头向下，主要用于喷洒除草剂。

2. 果园简易喷雾设备的特点

（1）高效省工：药箱大，可减少配药次数；一般每台机器每天可喷洒 100~130 亩地，大大节省人工，提高效率。

（2）省药：比人工喷省药 30% 左右，人工喷药每亩用水 258 千克，简易喷雾机喷药用水 168 千克。

（3）投资少：药箱、药泵、喷枪及附件共计投入 4 000~5 000 元。

三、适宜区域

南北方各地地势较为平坦地区果园均可使用，但对树形有所要求，所有采用“Y”字形树形的果树，若稍加改进，将两个斜杆直立起来，同样可以用于篱架与纺锤形栽培的果树。

四、注意事项

1. 对纺锤形、倒伞形等树冠较厚的树形不适宜，应根据树形调整“八”字药杆的角度，甚至呈倒“八”字。

2. 可根据树体高度调整喷头开关的数量。

（王东升　史济华　供稿）

雾滴分类技术

一、针对的产业问题

喷洒药液经过加压后从喷嘴喷出，形成许多各种尺寸的小雾滴，其直径从几微米到上千微米不等。在现实中没有一种喷雾器（机）能产生直径完全一致的雾滴。因此，根据雾滴大小进行科学合理地分类，对于农药有效沉积和利用具有重要的意义。

雾滴分类技术的应用可以有效地避免农药应用过程的大容量、大雾滴的盲目喷洒方式，可以针对病虫害的类型选择最佳的雾滴粒径进行喷洒，适应生物体对不同细度的雾滴的捕获能力。有效地提高农药利用率，减少对环境的污染。

二、技术要点

喷头的雾型是指喷头喷出的雾体空间形态，如锥体形、扁扇形等。雾滴尺寸是指雾滴的直径，其计量单位是微米（μm）。

1. 雾滴大小的分类

雾滴大小是喷雾技术中最重要的参数之一。通常用体积中径VMD（即较大的雾滴量和较小的雾滴量各占一半体积的雾滴直径）和数量中径NMD（即理想的雾滴数量累积达到全部雾滴数的50%的直径）表示，两者比值愈接近于1，表明雾化愈均匀。若以雾滴体积中径表示，我国一般将雾滴分成5类，但世界卫生组织（WHO）已将其细分成7类，如表1所示。

表1　雾滴大小分类

<table>
<tr><th colspan="2">分类</th><th>VMD</th><th colspan="2">分类</th><th>VMD</th></tr>
<tr><td rowspan="7">中国</td><td>气雾</td><td><50</td><td rowspan="7">WHO</td><td>烟雾</td><td><15</td></tr>
<tr><td>中弥雾</td><td>50~100</td><td>细气雾</td><td><25</td></tr>
<tr><td>细雾</td><td>101~200</td><td>粗气雾</td><td><25~50</td></tr>
<tr><td>中等雾</td><td>201~400</td><td>弥雾</td><td>50~100</td></tr>
<tr><td>粗雾</td><td>>400</td><td>细雾</td><td>100~200</td></tr>
<tr><td></td><td></td><td>中等雾</td><td>200~300</td></tr>
<tr><td></td><td></td><td>粗雾</td><td>>300</td></tr>
</table>

不同喷头产生不同尺寸的雾滴，因此，利用雾滴分类技术给喷头设定颜色码，可以使生产者与使用者通过辨别喷头的颜色即可得知该喷头所喷出的雾滴粗细（表2）。

表2　喷头喷洒液滴的分类

分类	代表符号	颜色代码
非常细	VF	红色
细	F	橙色
中	M	黄色
粗	C	深蓝
非常粗	VC	绿色
极粗	XC	白色

2. 喷嘴选型的一般原则

（1）材料选择：根据工艺介质的成分及温度。

（2）喷嘴系列选择：根据分布形状、分布密度及雾化程度。

（3）喷嘴规格选择：根据流量、压力及喷淋角。

3. 喷嘴型号的表示方法

□□□□—□□□—□□□—□□□□

（第一部分）（第二部分）（第三部分）（第四部分）

第一部分：由2~3个大写字母组成，表示喷嘴的系列；

第二部分：由多位数字组成，表示喷嘴的标准号；

第三部分：喷嘴的喷淋角度；

第四部分：喷嘴的材料。

型号表示举例：WP—47.0—120—PVC

WP涡旋流型塑料制实锥喷嘴，喷嘴标准号为47.0，喷淋角度为120度，喷嘴材料PVC（聚氯乙烯塑料）。

4. 喷雾作业喷头的确定

喷雾作业根据药用对象分为杀虫（表3）、杀菌（表4）和除草三大类，而杀虫又可分为胃杀、触杀和预防3种，其他两类可分为触杀和预防两种。不同的施药对象，对喷雾参数的要求有比较大的区别，这主要表现在它们对雾滴大小的不同要求上（表3，表4）。

表3　杀虫剂喷洒条件与指标要求

	胃杀	触杀	预防
雾滴（微米）	500~100	100~200	150~400
选择喷头类型	空心圆锥喷头、扇形喷头、转子喷头	空心圆锥喷头、扇形喷头、偏心喷头	扇形喷头、气滴喷头

表4　杀菌剂喷洒条件与指标要求

	触杀	预防
雾滴（微米）	100~200	150~350
选择喷头类型	扇形喷头	扇形喷头、气滴喷头

5. 施药液量的选择

施药液量和施药量是选择施药方法和施药器械的技术决策依据之一。施药液量的含义是在1公顷农田中喷洒农药所需的药液量（表5），理论上的意义是此药液量应足以完全沉积覆盖在1公顷农作物上。根据实际使用的情况和经验，每公顷农田对施药液量的要求因药雾的雾化细度而有很大差别，具体施药液量选择参照表 5，表 6。

表5　每公顷农田对各种细度的药雾的药液需要量

雾滴直径（微米）	每公顷药液需要量（升/公顷）
10	0.005
20	0.042
30	0.141
40	0.335
50	0.655
60	1.131
70	1.797
80	2.682
90	3.818
100	5.238
200	41.905
500	654.687

表6　各种作物上的施药液量分级

喷雾方法	雾滴直径范围（VMD，微米）	大田作物方面（升/公顷）	林木和灌木方面（升/公顷）
大容量喷雾法（即常规喷雾法）	200~400	<600	>1000
中容量喷雾法	100~150	200~600	500~1 000
低容量喷雾法	100~200	50~200	200~500
很低容量喷雾法	70~150	5~50	50~200
超低容量喷雾法	50~80	<5	<50

三、适宜区域

作物病虫害防治中植保机械选型配套及化学农药的喷洒作业。

四、注意事项

1. 雾滴大小会随压力而变化。同样的喷嘴在低压力时可产生中等雾滴，在压力较高时则产生小雾滴。

2. 喷嘴选择不当或者使用性能不符合要求的喷嘴，会导致需要重新喷雾或者效果降低的后果，因此要仔细考虑喷雾作业的目的，慎重选择喷嘴不能马虎对待。

3. 注意观察天气变化，抓住雨隙及时喷药，切忌边下雨边喷药。一般喷药后 8 小时内不遇雨，对药效影响就很小。

（常有宏　吕晓兰　王中华　供稿）

快速检测喷雾质量的方法

一、针对的产业问题

在果园病虫害的防治作业中，多采用液力雾化技术，由于果树树冠高大，枝叶茂密，纯液力雾化的雾滴很难穿透果树冠层并沉积均匀，往往雾滴在外层稠密叶幕阻挡下，聚集形成水滴滚落流失，造成冠层内部及树干病虫害得不到有效控制，不得不采用“大容量、淋洗式”喷雾方法，增加喷药次数，造成农药的大量浪费和严重的环境污染；同时果农对喷药质量判断存在误区，普遍认为只有把果树叶片淋湿甚至滴水，才认为达到防治效果。其实不然，研究发现雾滴在叶片覆盖率40%及以上，防治效果无明显差异，因此，现有果树喷药，大多数是属于过量施药。因此，本文介绍一种快速检测喷雾质量的纸卡及其使用方法，用于指导田间实际施药作业。

二、技术要点

1. 喷雾质量要求

（1）使用胃毒性杀虫剂时要求喷雾药液充分覆盖果树冠层。

（2）使用触杀性杀虫剂时要求喷雾药液充分覆盖果树冠层，使害虫活动时接触药剂死亡。对于栖歇在枝叶背面和树膛内部枝干的害虫，应使农药雾滴在枝叶背面和树膛内部充分沉积。

（3）使用内吸性杀虫剂时，应根据药剂内吸传导特点，可以采用定向喷雾法喷洒药液。

（4）使用保护性杀菌剂时应在果树未被病原菌侵染前或侵染

初期施药，要求有效雾滴密度高、覆盖好。

2. 喷雾质量评价标准

雾滴覆盖率和雾滴沉积密度是衡量喷雾质量的两项重要指标，也是直观判断农药沉积、分布、扩散等特性的主要依据。

（1）雾滴覆盖率：雾滴覆盖率是指叶片上药液覆盖的表面积占总叶面积的百分率。药液在果树上的覆盖率不小于 33%。

（2）雾滴沉积密度：雾滴沉积密度是指单位面积上沉积的雾滴数。防虫时，喷洒在果树叶片上的雾滴数≥ 25 粒 / 平方厘米，可认为是有效沉积；防病时，喷洒在果树叶片上的雾滴数≥ 30 粒 / 平方厘米（内吸性杀菌剂）或 70 粒 / 平方厘米（一般性杀菌剂）方可认为是有效沉积。

3. 喷雾质量检测测试卡——水敏纸

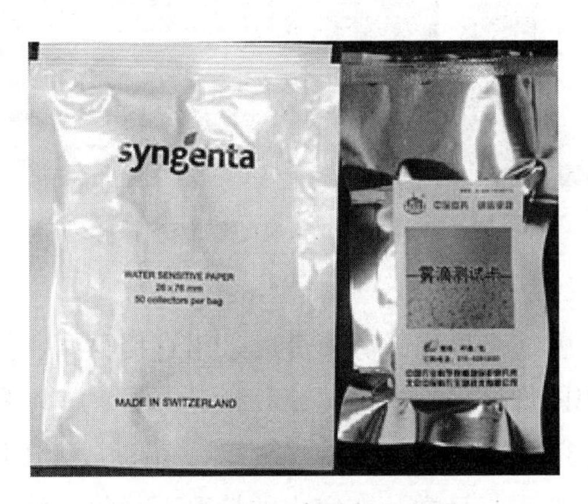

图 1　瑞士生产和国产两种水敏纸

水敏纸（water sensitive paper）是一种黄色的光面纸，Turner 和 Huntington 于 1970 年开始采用水敏纸检测雾滴，至今已有 40 多年的历史（图 1）。水敏纸对水极其敏感，水和水质雾滴滴落到纸面后立即显现蓝色斑点，可以长期保存不褪色，是目前，用于评价雾滴直径、雾滴覆盖率、雾滴沉积量（图 2）最普及的一种方法。这种纸使用非常方便，由瑞士诺华公司生产，美国喷雾系统公司有售，50 条 / 包（260 元）。目前，由中国农业科学院植物保护研究所和北京中保科农生物技术有限公司联合研发的雾滴测试卡具有水敏纸类似功能，40 条 / 包（100 元）。

4. 水敏纸使用方法

（1）在作业区域随机选取 2~3 株果树，在每株树冠内膛或欲观测位置选一片树叶，用回形针将水敏纸夹在叶片正反面，喷药后待药液晾干后取回即可。

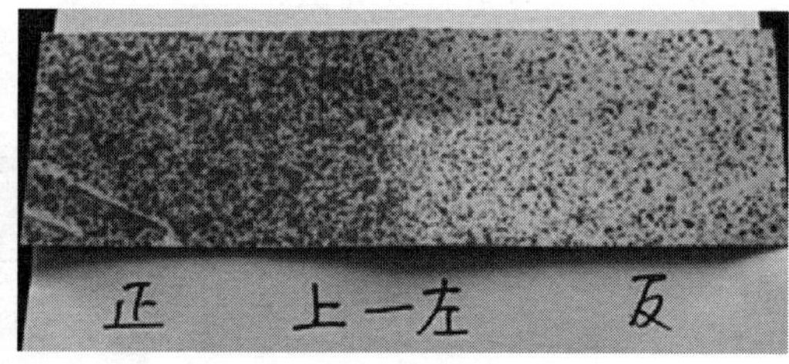

图 2　喷雾后水敏纸显现雾滴沉积情况

（2）水敏纸上显现的雾滴可以采用直接目测、借助放大镜目测或采用图像处理软件进行计数测定（图 2）。在野外实地现场对雾滴进行评价，可以采用直接目测、借助放大镜目测，对纸卡上的显色点进行计数；在室内的情况下，除了使用上述两种方法外，还可以采用图像处理软件对纸卡上的显色点进行精确计数；比较粗略的方法是利用直接目测法将雾滴沉积后的测试卡与在室内预先获得的已知雾滴数量的标准卡进行对比（图 3），以便现场迅速做出判断。

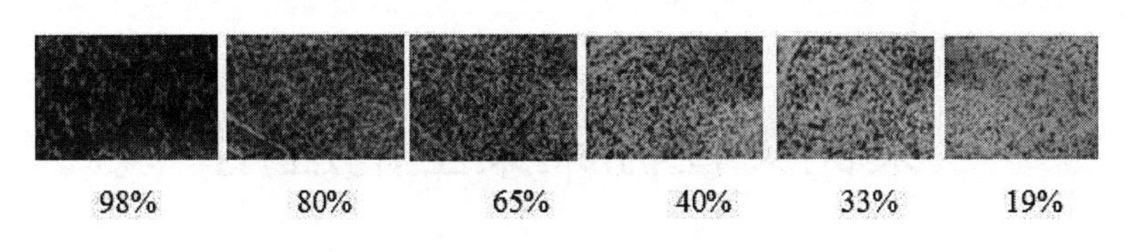

图 3　雾滴沉积覆盖率对比卡

三、适宜区域

果树病虫害防治中植保机械选型配套及化学农药的喷洒作业。

四、注意事项

1. 使用水敏纸时，请戴手套及口罩操做，防止手指汗液及水汽污染纸面。

2. 使用水敏纸时，可用曲别针或其他工具将水敏纸固定在待测物上，不可长时间久置空气中，应现取现用。

3. 喷雾结束后，稍等片刻待水敏纸上水分晾干后，及时收集，防止空气湿度大而导致水敏纸变色，影响测试结果；如果水敏纸上雾滴未干，不可重叠放置，也不可放在不透气纸袋中。

4. 室外使用时，阴雨天气或空气湿度较大时，不可使用。

5. 实验结束后，若要保存水敏纸，可待水敏纸完全干燥后密封保存。

6. 不用时，将水敏纸放置在阴凉干燥处，隔绝水蒸气以防失效。

（吕晓兰　王中华　常有宏　供稿）

果树夹在棚架梨上的应用

一、针对的产业问题

棚架梨的绑枝是一项工作量很大的工作，常规的绑枝材料是麻绳或布条，操作起来费事，且需要每年冬季解除，劳动力投入成本很大，特别近年来人工工资不断上涨，更增加了梨园生产成本。本文介绍一种可以与麻绳或布条结合使用，减少用工的工具——果树夹。

二、技术要点

1. 果树夹介绍

果树夹是一个长 5~6 厘米，两端有卡口的塑料长条（图 1，图 2），可将枝条固定在铁丝上，其上卡口可较紧地固定在铁丝上，不容易滑动。该卡有两种规格，一种可以卡粗 1.5 厘米以下的枝条，一种可卡粗 2.0 厘米以下的枝条。

图 1　果树夹

2. 使用方法

先将一定长度的枝条拉到靠近铁丝的位置（可在铁丝上面或下面），再将夹子一端卡在枝条一面的铁丝上，再将夹子弯曲绕过枝条，再将另一端卡在枝条另一面的铁丝上即可（图 2）。过粗的枝条与长度不够的可用布条绑束。

图 2　果树夹使用效果

3. 使用范围

（1）枝条粗度：一般在 2.0 厘米以下，过粗卡不住。

（2）铁丝粗度：一般可卡在 10~12 号铁丝上，8 号铁丝容易将卡口撑裂。

4. 使用时间

一是可以在冬季修剪时使用，二是可以在夏秋季拉枝时使用。冬季不用去掉，省工省力。

5. 成本

小规格的每个成本为 0.0015 元，大规格为每个成本 0.002 元。

（王东升　李保全　张四普　吴中营　郭献平　供稿）

第七篇

贮藏与加工

第十章

工业化道路

‘丰水’梨采收及贮藏保鲜技术

一、针对的产业问题

‘丰水’梨果肉质细腻、口感佳、品质上乘，深受广大消费者青睐。该品种不耐贮藏，常温下货架期较短，通常1~2周，果实开始出现果皮可撕开、果肉软化、果心褐变、失水皱皮和品质劣变等问题（图1）。近几年来，随着‘丰水’种植面积的扩大与产量的提高，采后贮藏保鲜技术显得尤为重要。如采后处理不当，果实失水皱皮和果心褐变等问题严重，商品性下降，会影响果农经济效益和贮藏企业（户）及消费者信心。

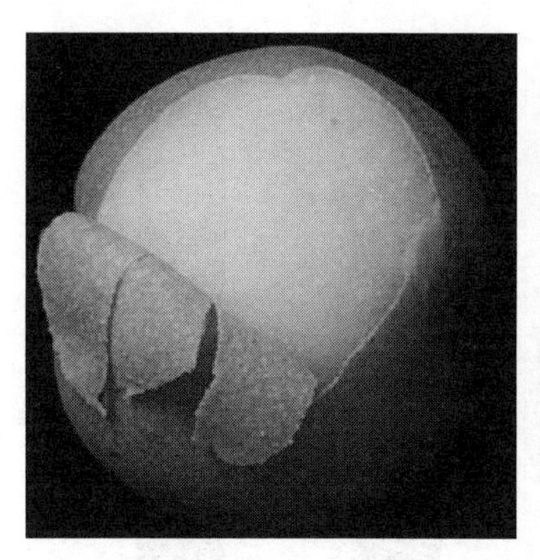

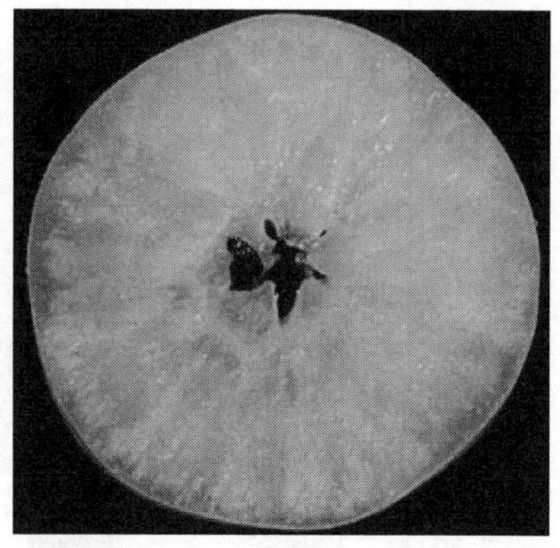

图1　‘丰水’梨衰老症状

二、技术要点

‘丰水’对低温不敏感，对环境中CO_2有一定忍耐力，冷藏可贮5~6个月，气调贮藏可贮6~8个月，其贮藏保鲜技术要点如下。

1. 适时无伤分期采收

‘丰水’梨果过早采收，果实单果重低（图2）、品质差，过晚采收果实易软化、贮期短。贮藏的‘丰水’梨果应适时采收，贮藏果采收标准：可溶性固形物含量≥ 12.0%；果实硬度（去皮，大测头）≥ 5.0 千克 / 平方厘米；种子颜色为花籽到褐色；果实发育期（盛花至成熟的天数）135~143 天。贮藏用果应遵循晚采先销（即晚采短贮）、早采晚销（即早采长贮）的原则。

分期分批采摘，提高果实品质。宜选择晴天气温凉爽时采摘，采前 1 周梨园应停止灌水，避免雨天采摘或雨后立即采摘。

采收过程中要做到“四轻”，即轻摘、轻放、轻装、轻卸，避免造成“四伤”即指甲伤、碰压伤、果柄刺伤和摩擦伤。

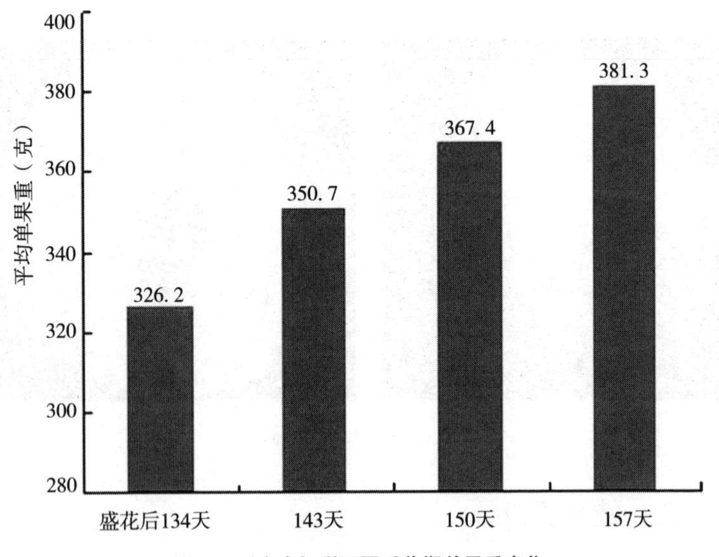

图 2　‘丰水’梨不同采收期单果重变化

2. 入库和预冷

入库前，库房和周转箱应彻底清洗和消毒，及时通风换气。库房温度预先降至 -1℃左右。建议果实带袋采收、入库、贮藏。采摘后尽快入库预冷，预冷温度 -1~1℃。如无预冷间，则应分次分批采收入库，每批次一般小于 1/3 库容量。

3. 贮藏条件

（1）冷库贮藏条件：-1~1℃（短期贮藏 0~1℃，长期贮藏 -1~0℃），相对湿度 90%~95%。

‘丰水’梨果对 CO_2 有一定忍耐力，冷藏条件下，采用厚度不超过 0.03 毫米的专用 PE 或无毒 PVC 保鲜袋挽口或扎口（MAP），保鲜效果更好。其方法是：果实采后带袋或发泡网套包装直接装入内衬薄膜袋的纸箱或塑料周转箱，每袋不超过 10 千克，敞开袋口入库预冷，待果实温度降至 0℃后扎口，-1~0℃贮藏。贮藏过程中，袋内 CO_2 浓度应≤ 2%。采用 MAP 贮藏，袋内湿度可满足要求，库内不必加湿。

（2）气调贮藏条件：O_2 浓度 3% ~5%，CO_2 浓度≤ 1%，相对湿度在 90% ~95%。采用气调或 MAP 贮藏果实货架期长，果柄新鲜度高，比单纯冷藏贮期可延长 1~2 个月。

三、适宜区域

‘丰水’梨产区。

四、注意事项

果实贮藏期间，要定期检查果实是否产生异味、褐变、腐烂等，如发现问题，应及时处理。

测温仪器宜使用精度较高的电子数显温度计或玻璃棒状水银温度计（0.1~0.2℃分度值，图 3），其测定误差应＜ ±0.3℃。

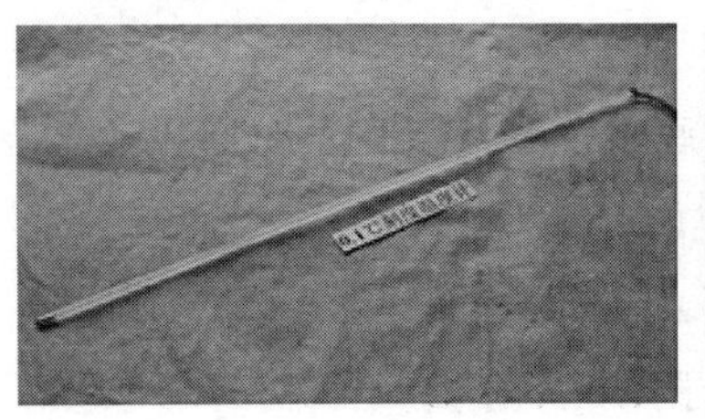

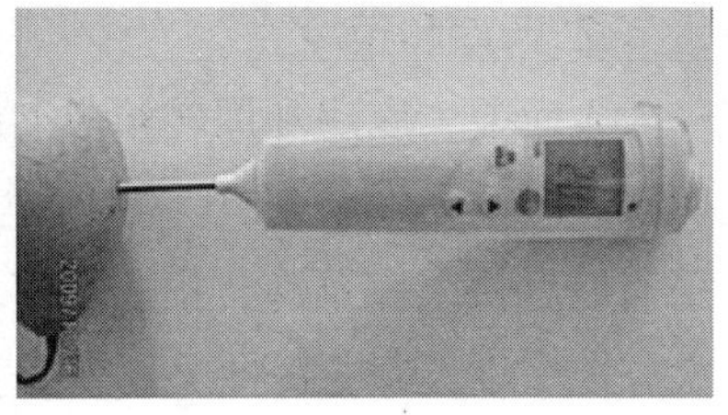

图 3　高精度玻璃棒状水银温度计（左）、果实温度计（右）

库内温、湿度（包括果温）应有专人负责测定、记录。测定仪器要用标准温度计定期校验或冰水（0℃）校验。

运输工具应清洁卫生。运输温度根据距离长短宜控制在0~5℃。出口果需用冷链运输；国内远距离运输应预冷后保温运输。

（王文辉　王志华　贾晓辉　供稿）

‘黄金梨’果实采收及贮藏保鲜技术

一、针对的产业问题

‘黄金梨’外观靓丽，肉质细脆，在我国山东、河北、江苏、北京等广大梨产区有较大面积（图1）。若‘黄金梨’采期和贮藏条件不当，采后贮藏过程中易出现果心褐变、虎皮、软化和风味劣变等问题。

图1　‘黄金梨’

二、技术要点

1. 适期无伤采收

‘黄金梨’过早采收，果实个头小、品质差，容易虎皮，过晚采收易黑心（图2，图3）、软化、贮期短。贮藏果采收标准：可溶性固形物含量≥12.5%；果实去皮硬度6.0~6.5千克/平方厘米；种子颜色花籽到部分褐色；果实发育期（盛花至成熟的天数）（143±5）天。北京或与之气候条件相似地区，‘黄金梨’中、长期贮藏需在9月上旬采收，9月中、下旬采收的果实品质有所提高，但不可长贮。贮藏用果应遵循晚采先销（即晚采短贮）、早采晚销（即早采长贮）的原则。

分期分批采摘，提高果实品质。宜选择晴天气温凉爽时采摘。采前1周梨园应停止灌水，避免雨天采摘或雨后立即采摘。

采收过程中要做到“四轻”，即轻摘、轻放、轻装、轻卸，

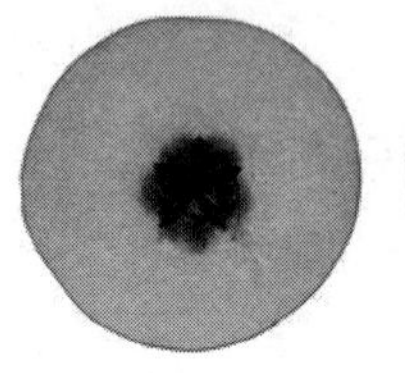
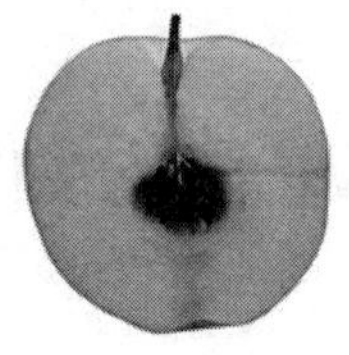

图 2 ‘黄金梨’果心褐变症状

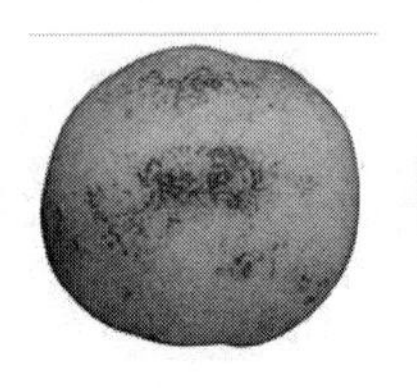

图 3 ‘黄金梨’虎皮症状

避免造成“四伤”即指甲伤、碰压伤、果柄刺伤和摩擦伤。

2. 贮藏果质量要求

贮藏果需“二级”以上，病虫果、畸形果及碰压果不宜贮藏。按重量分级，特级 350~400 克、一级 300~350 克、二级 250~300 克。

3. 入库和预冷

入库前，库房和周转箱应彻底清洗和消毒，及时通风换气。库房温度预先降至 -2℃左右，建议果实带袋采收、入库、贮藏。采摘后尽快入库预冷，预冷温度 0~5℃。如无预冷间，则应分批采收入库，每批次一般小于 1/3 库容量。

4. 冷藏库贮藏

冷藏库贮藏条件：-1~1℃（贮藏 3 个月以内可采用 0~1℃，贮藏 3 个月以上需采用 -1~0℃），相对湿度 90% 左右。‘黄金梨’冷藏不宜超过 6 个月。

测温仪器宜使用精度较高的电子数显温度计或玻璃棒状水银温度计（0.1~0.2℃分度值），其测定误差应< ±0.3℃。库内温、湿度（包括果温）应有专人负责测定、记录。测定仪器要用标准温度计定期校验或冰水（0℃）校验。

运输工具应清洁卫生。运输温度根据距离长短宜控制在 0~5℃，出口果需用冷链运输，出库后应后保温或低温运输。

5. 气调库贮藏

'黄金梨'气调贮藏可保持果实较高硬度，基本抑制黑皮，明显降低果心褐变。适宜 O_2 浓度 3% ~5%，CO_2 浓度< 0.5%，适宜温度为 0℃，相对湿度在 90%左右。

三、适宜区域

北京、山东、河北等'黄金梨'产区。

四、注意事项

1. 果实贮藏期间，要定期检查果实是否产生黑心、虎皮、异味、腐烂等，如发现问题，应及时处理。

2.'黄金梨'对 CO_2 和乙烯敏感，环境中 CO_2 浓度过高，易导致 CO_2 伤害（图 4）。冷藏环境中 CO_2 浓度不可大于 0.5%，不可采用小包装扎口贮藏。冷藏期间，应定期通风换气，排除过多的 CO_2 等有害气体。通风宜选择清晨气温最低时进行，以防止引起库内温、湿度有较大波动。

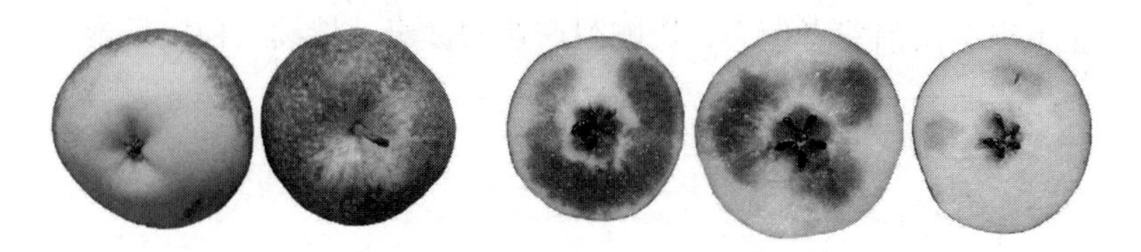

图 4 '黄金'梨二氧化碳伤害症状

（王文辉 王志华 贾晓辉 供稿）

‘圆黄’梨果实采收及贮藏保鲜技术

一、针对的产业问题

‘圆黄’梨采后存在果肉软化、组织褐变（果心和果肉）和品质劣变等问题，常温下货架期短，仅可贮1~2周，但冷藏最长可贮5个月。‘圆黄’梨（图1）在我国北京、河北、湖北、浙江等近10个省市均有栽培，近几年来，随着‘圆黄’梨种植面积的扩大与产量的提高，采后贮藏保鲜技术显得尤为重要。如贮藏不当（温度和气体成分控制不好），会造成果肉和果心发生褐变，造成严重的经济损失，同时影响贮藏企业（户）及消费者信心，影响梨产业的健康、持续、稳定发展。

图1 ‘圆黄’梨

二、技术要点

1. 适时采收

‘圆黄’梨采收过早，不仅影响单果重，而且品质差；过晚采收易黑心、软化、贮期短，贮藏的‘圆黄’梨应适时采收。

贮藏果采收标准：可溶性固形物含量≥11.5%；果实去皮硬度7.0~7.5千克/平方厘米；种子颜色花籽到部分种子褐色；果实发育期（盛花至成熟的天数）（135±3）天。北京地区，‘圆黄’梨中、长期贮藏或长途运输需在8月24日左右采收，8

月底9月初采收的果实品质虽有所提高，但采收时个别果实在树上就已发生轻微黑心，不可长贮。

贮藏用果应遵循晚采先销（即晚采短贮）、早采晚销（即早采长贮）的原则。采收过程中要做到“四轻”，即轻摘、轻放、轻装、轻卸，避免造成“四伤”即指甲伤、碰压伤、果柄刺伤和摩擦伤。

2. 入库和预冷

入库前，库房和周转箱应彻底清洗和消毒，及时通风换气。库房温度预先降至0~1℃。建议果实带袋采收、入库、贮藏。采摘后尽快入库预冷，预冷温度1℃。如无预冷间，则应分批采收入库，每批次一般小于1/3库容量。

3. 冷库贮藏

贮藏适宜条件：0~1.5℃，相对湿度90%左右。贮期不超过5个月。

测温仪器宜使用精度较高的电子数显温度计或玻璃棒状水银温度计（0.1~0.2℃分度值），其测定误差应＜ ±0.3℃。库内温、湿度（包括果温）应有专人负责测定、记录。测定仪器要用标准温度计定期校验或冰水（0℃）校验。

4. 气调库贮藏

气调贮藏条件：O_2浓度3%~5%，CO_2浓度≤1%，适宜温度0℃，相对湿度90%~95%。采用气调或MAP贮藏果实果柄新鲜度高，货架期长，比单纯冷藏贮期可延长1~2个月。

5. 辅助技术措施

（1）MAP贮藏：‘圆黄’梨对环境CO_2有一定忍耐力。冷藏条件下，宜采用厚度不超过0.03毫米PE袋挽口或扎口（MAP贮藏），保鲜效果更好。其方法是：果实采后带袋或发泡网套包装直接装入内衬薄膜袋的纸箱或塑料周转箱，每袋10千克左右，敞开袋口入库预冷，待果实温度降至1℃左右扎口，0℃贮藏。贮藏过程中，袋内CO_2浓度应≤2%。采用MAP方式贮藏，袋内湿度可满足要求，库内不必加湿。

（2）1-MCP保鲜处理：1-MCP为一种乙烯拮抗剂，可较好保持果实硬度，降低果心褐变程度，延长梨果贮藏期和货架期。采用0.02~0.03毫米PE袋扎口包装结合0.5微升/升1-MCP处理，贮藏后期果实风味较好，而且能明显抑制果心褐变（图2，图3）、延长贮藏期。

图2 ‘圆黄’梨-1℃低温贮藏伤害症状

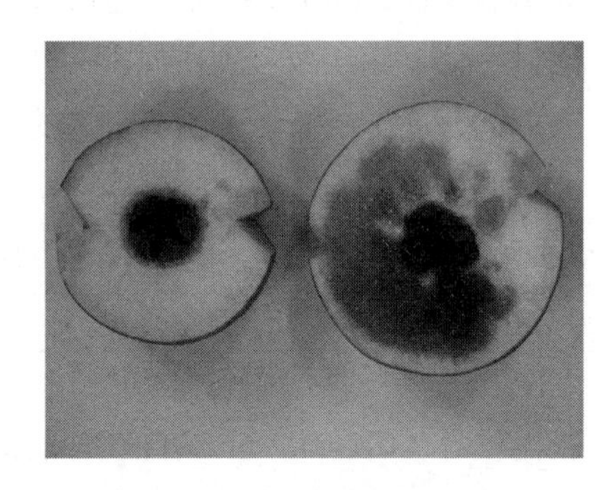

图3 ‘圆黄’梨CO_2伤害症状

三、适宜区域

北方‘圆黄’梨产区及贮藏企业（户）。

四、注意事项

1.‘圆黄’梨果对低温比较敏感，-1℃左右贮藏果实易发生冻害。

2.避免雨天采摘或雨后立即采摘。不可与西洋梨、苹果等混贮。

3. 贮藏期间，要定期检查果实是否产生异味、褐变、腐烂等，如发现问题，应及时处理。

4. 运输工具应清洁卫生。运输温度根据距离长短宜控制在0~5℃。需用冷链或简易保温运输。

（王文辉　王志华　供稿）

‘南果梨’贮藏保鲜与后熟技术

一、针对的产业问题

‘南果梨’为我国特产，栽培面积已达108万亩，占全国梨面积的7%左右，年产量近40万吨，产值10多亿元，已成为辽宁鞍山、辽阳和辽西等山区农民最主要的经济来源。‘南果梨’常温下货架期仅为10~15天，之后果实软化、褐变，继而失去商品价值。贮藏后期果心褐变、虎皮和风味劣变也是影响‘南果梨’产业发展的主要采后问题。冷库贮藏，若采收过晚、预熟时间过长、库温过高、通风不畅，在库里‘来梨’（方言，即果实变软，图1~图3）的情况时常发生，软化的果实没有运输和货架时间，无法销售，给果农和贮户造成严重经济损失。

图1　软化褐变果（左）和正常果（右）

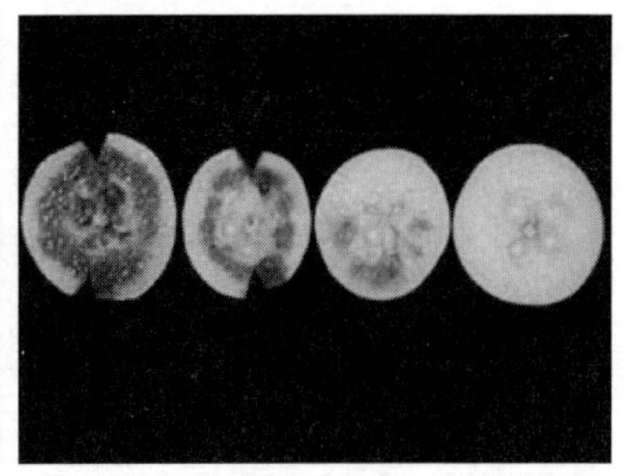

图2　不同程度 CO_2 伤害及好果

二、技术要点

1. 适期无伤采收

采收标准：果实可溶性固形物≥12.5%；单果重≥55克；

果实生长发育期（即盛花至采收时的天数）125~135天；果皮底色黄绿色，部分果阳面着红晕；离层形成；70%以上种子颜色由白色变成褐色或浅褐色。‘南果梨’中、长期贮藏需在9月上、中旬采收。采收季节，应关注当地气象情况，了解采收期间降雨及大风天气，选晴天露水干后，避免雨天、雾天采，抢在大风天之前采。贮藏用果应遵循晚采先销（即晚采短贮）、早采晚销（即早采长贮）的原则。

图3　果实软化、褐变、腐烂状

分期分批采摘，利于提高果实品质。先摘外围，后摘内膛；先摘下部，后摘上部。采果梯应结实、牢固，采果筐（篮）底部应衬垫，边上应包缝柔软材料，把手应有挂钩，盛果筐（箱）内应铺垫枯草或牛皮纸等衬垫材料。

2. 采后预熟

9月上、中旬采收的‘南果梨’，贮前常温下预熟3~5天（采收早预熟时间长，采收晚预熟时间短），再入冷库，出库时不必催熟直接上市。9月下旬采收的果实不需预熟直接入贮。

3. 入库和码垛

入库前进行库房清扫、灭菌消毒并及时通风换气。库房温度预先降至 -2~0℃。采摘后尽快入库预冷，预冷温度0~5℃。分批采摘，每天入库量小于 1/3 库容，3~5 天入满，满库后库温降至适宜贮温。贮藏包装建议采用 20~25 千克容量的塑料周转箱或木条箱，纸箱需结合使用内衬塑料薄膜（薄膜厚度和使用方法见辅助措施）。

4. 温度管理

最适贮藏温度为 -2~0 ℃，相对湿度为 90% ~95%。

测温仪器宜使用精度较高的电子数显温度计或玻璃棒状水银温度计（0.1~0.2℃分度值），其测定误差应< ±0.3℃。库内温、湿度（包括果温）应有专人负责测定、记录。测定仪器要用标准温度计定期校验或冰水（0℃）校验。

运输工具应清洁卫生。国内运输，温度根据距离长短宜控制在 0~5℃。

5. 通风管理

‘南果梨’对乙烯敏感，贮藏期间尤其是入库阶段，应定期通风换气，排除过多的乙烯气体。通风宜选择清晨气温最低时进行，以防止引起库内温、湿度有较大波动。

6. 辅助技术措施

采用气调或塑料小包装贮藏，比单纯冷藏延长贮期 1~2 个月，简便实用效果好。适宜 O_2 浓度 5% ~8%，CO_2 浓度≤ 3%，温度为 0℃，相对湿度在 90%左右。

塑料薄膜袋贮藏具体做法：果实无伤适时晚采→树下分级选果→装入内衬 0.02~0.03 毫米的 PE 或 PVC 保鲜袋（每袋装量不超过 10 千克）→入库敞口预冷至 0℃→扎口入库贮藏，贮藏期 6~7 个月。贮藏期间定时检测袋内气体成分，CO_2 浓度≤ 3%。

7. 后熟和食用

‘南果梨’采后在 20℃条件下，依据采期早晚，一般后熟

10~15天即可软化食用。用拇指摁压果实，果肉已软，即达到最佳食用状态。已软化后熟的梨果，需放在冰箱中。

采后直接入贮的果实，冷藏后若没达到上市要求，需在温度18~20℃、相对湿度90%环境下进行催熟，必要时可采用乙烯或乙烯利辅助催熟。

三、适宜区域

‘南果梨’产区。

四、注意事项

调查发现，部分贮户贮藏堆码过密、垛内果温较高。另外，多数果农贮藏主要使用进口香蕉用的纸箱（简称香蕉箱），香蕉箱反复使用，承压力不够，码垛过高，碰压伤严重，造成伤乙烯，促早后熟。部分果农采用搭架分2层码垛，减少碰压伤，值得推广。

果实贮藏期间，要定期检查果实是否软化、黑心等，如发现问题，应及时处理。如发现库内香味浓郁，摁压果实有手感，则需终止贮藏，立即销售。‘南果梨’贮藏期主要生理病害发病原因及预防措施见下表。

‘南果梨’贮藏期主要生理病害发病原因及预防措施表

病害名称	症状描述	可能的病因	预防措施
软化褐变	果肉软化变褐	1. 采收过晚 2. 磕碰伤较多 3. 预熟或（和）贮期过长 4. 贮温过高 5. 库内乙烯浓度高（通风不畅）	发现可能出现软化、衰老褐变迹象应立即终止贮藏

（续表）

病害名称	症状描述	可能的病因	预防措施
褐心病	果心变褐色或深褐色	1. 采摘过晚 2. 梨果氮素过高，钙素过低 3. CO_2浓度过高	1. 适期采摘及时入库 2. 生长期喷钙或采后浸钙 3. 防止环境CO_2浓度过高
黑皮病	病部呈黄褐色、褐色、黑褐色斑块，严重时连成片	1. 采摘过早 2. 贮温过高 3. 贮期过长	1. 适期采收 2. 采用气调贮藏 3. 贮期适当
果肉褐变（CO_2伤害）	果肉呈褐色或深褐色，后期果肉产生空洞	CO_2浓度过高	气调贮藏或塑料薄膜贮藏时防止CO_2浓度过高
冻　害	果实呈水浸状，温度回升后，果实变软	贮藏温度低于冰点*	果实温度不低于-2.0℃

* 注:‘南果梨’冰点为 -3.2℃（取决于固形物的高低）

（王文辉　贾晓辉　供稿）

‘红克拉普’采收、贮藏及后熟技术要点

一、针对的产业问题

早熟红色西洋梨品种‘红克拉普’，国内称‘早红考密斯’（图1）是于20世纪50年代初在美国密苏里州发现的‘克拉普’（Clapp Favorite，一种绿色西洋梨品种）的红色芽变，斯塔克（Stark）兄弟苗圃申请了专利并于1956年开始推广。该品种美国称之为‘红克拉普’（Red Clapp Favorite）或‘红星’（Starkrimson）。该品种果面色泽艳丽、果实软溶多汁、具花香。近年在山东、北京、豫晋陕交界处等地快速发展，且广受消费者喜爱，经济效益较好。该品种采后后熟快，货架期极短，后熟后果皮极易摩擦褐变（图2），不耐运输。由于对该品种采后特性了解较少，同时生产上缺乏‘红克拉普’适宜采收、贮藏与后熟的相关配套技术，采收后烂损率高达25%~50%，甚至全部腐烂，损失惨重。

图1 ‘红克拉普’果实状

图 2　‘红克拉普’后熟后磕碰摩擦伤

二、技术要点

1. 采收技术

采收成熟度指标：商品果单果重≥ 150 克；果实可溶性固形物≥ 11.0%，手持折光仪或数显糖度计测定；果实去皮硬度 6.5~7.9 千克，建议采用 FT-327 型果实硬度计（8 毫米测头）；果实生长发育期（即盛花至采收时的天数）98~106 天，采收时种子需仍为乳白色。北京大兴区在 7 下旬至 8 月初，河南灵宝 6 月底至 7 月上旬采收，与其气候条件相似的产区可参考。

2. 贮藏条件

‘红克拉普’适宜贮藏温度为 -1~0 ℃，相对湿度为 90%~95%，冷藏期 3~4 个月。箱内内衬塑料膜可有效防止果

图 3　‘红克拉普’后熟后果面由暗红（左）转为鲜红（右）

实失水皱缩，保持果柄新鲜度。美国8月成熟，可贮藏至翌年1月。在我国‘红克拉普’普遍有顶腐病，影响贮藏期（图3）。

3. 后熟技术

（1）自然后熟：采收后将梨箱码垛堆放于遮阳处，使果实自然后熟。后熟所需温度一般不超过25℃。

（2）人工催熟：通过控制温度、湿度并辅以乙烯催熟，可加速果实后熟进程，同时提高果实后熟均匀度，降低货架期腐烂率。‘红克拉普’最佳后熟温度为17~23℃，相对湿度为90%~95%。上述适宜温、湿度条件下，6~8天即可达到最佳食用期（图4）。

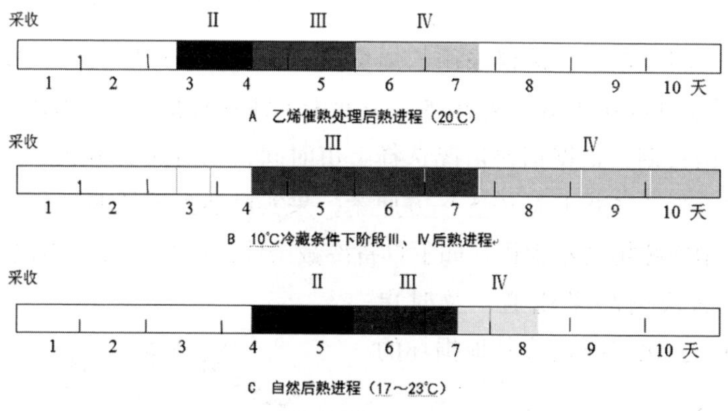

图4　不同后熟阶段与后熟条件的关系

乙烯催熟的适宜浓度为50~100微升/升，密闭处理24小时后通风换气。乙烯催熟可使‘红克拉普’提早1~2天后熟，即在5~7天内完成后熟。

（3）与其他水果混放：利用乙烯释放量较多的水果如苹果、西洋梨（已开始后熟软化的果实）、香蕉、猕猴桃、番茄等也可达到催熟效果。

4. 销售

根据果实后熟软化情况，‘红克拉普’后熟分Ⅰ～Ⅳ 4 个阶段见下表。

‘红克拉普’后熟阶段表

后熟阶段	果实硬度（千克/0.5平方厘米）	自然后熟（天）	乙烯催熟（天）	状态
Ⅰ（采收）	>6.5	0	0	采收，果肉粗硬，皮色暗红
Ⅱ	4.0~6.0	4~5	3~4	市场批发或超市销售和展示，皮色暗红
Ⅲ	1.5~3.0	6~7	5~6	可食用期，皮色由暗转亮
Ⅳ	<1.5	7~8	6~7	最佳食用期，需立即食用，皮色鲜红

超市销售，建议采用乙烯催熟方式，在处理后 3~4 天期间（果实硬度在 4~6 千克 /0.5 平方厘米）即阶段Ⅱ上市，留出 2~3 天销售期，根据销售情况选择上市时间；已后熟 5~6 天，果实硬度低于 3.0 千克 /0.5 平方厘米，果实已达到阶段Ⅲ～Ⅳ，宜采用冷藏柜展示销售，如不具备冷藏条件，应在 1~2 天内出售；应加快商品果流通、及时更换，挑出有擦伤或其他损坏的果实。

5. 食用方法

‘红克拉普’可食用与否一般通过“看、闻、摁”等方式进行判断。

一看，果皮颜色开始转化，果面由暗红转为鲜红（图 5）。

二闻，果实散发出浓郁的香味。

图 5

三捯，后熟后果实硬度下降，食用前，手掌托住果实，用拇指捯压果实颈部，如变软即可食用。

三、适宜区域

北京大兴、河南灵宝等以及与其气候条件相似的产区可参考。

四、注意事项

1. 宜选择晴天气温凉爽时采摘，采后待运的果实应放在阴凉处。

2. 采前一周内梨园应停止灌水，不应雨天采摘或雨后立即采摘。

3. 采收前，清除树下落地果，采收时，剔除病、虫及鸟啄果等残次果。

4. 分期分批采摘。应按先外后内顺序分批采收，第一次采收选外围果中果个大的，至少分 2 次采摘，两次采收的产量比一次采收的产量高。

5. 轻摘、轻放、轻装、轻卸，避免磕碰伤、擦伤等机械伤害。

6. 由于土质和小气候，每个果园成熟期可能不尽一致。沙土地成熟期早于壤土地，土壤有机质含量高的果园采收期稍晚。另外，套袋可延迟果实 5~7 天成熟。

（王文辉　贾晓辉　李振茹　供稿）

‘京白梨’贮藏与后熟调控技术

一、针对的产业问题

‘京白梨’果实采收后在常温下贮藏7~10天即完成后熟，之后常温货架期不超过10天。‘京白梨’对乙烯和温度敏感，常温下1-MCP或乙烯处理显著影响其后熟进程和货架期，低温贮藏5个月左右出库后能正常后熟且风味正常。采用该项技术可以使‘京白梨’果实的贮藏期和货架期显著延长，从而大幅提高其经济效益。

二、技术要点

‘京白梨’属秋子梨系统，果实采收后需经后熟才能达到表现出较佳的食用品质，常温下贮藏7~10天即完成后熟，之后常温货架期不超过10天。‘京白梨’对乙烯和温度敏感，常温下1-MCP或乙烯处理显著影响其后熟进程和货架期，冷藏则极显著延长了其贮藏寿命，低温贮藏（图1）5个月左右出库后能正常后熟且风味正常，其贮藏保鲜技术要点如下。

1. 适时采收、分级和包装

‘京白梨’过早采收，果实个小、味淡、香气少，过晚采收果实易衰老、汁液变少、口感粗糙，冀东地区一般以9月上中旬采收为宜。‘京白梨’采收后，主要根据目测分级法将果实分级，剔除病虫、腐烂、机械伤和畸形果实，然后进行分级、包装，根据不同销售时期进行后熟调控和采取相应的贮藏技术措施。

2. 果实后熟调控技术

图 1　自动化控制低温贮藏库

常温下，利用 1-MCP 和乙烯处理可有效地调控京白梨果实后熟软化进程（图 2），调节果实上市时间。1-MCP 处理的‘京白梨’果实可延迟后熟期 15 天，常温下，其货架期可延长 10~15 天，配合低温货架环境更佳；乙烯利处理可使果实提早 2~3 天上市。此外，用调节贮藏温度的方式来调控果实的后熟软化进程，可以避免果实集中后熟，造成销售期集中，影响经济效益。

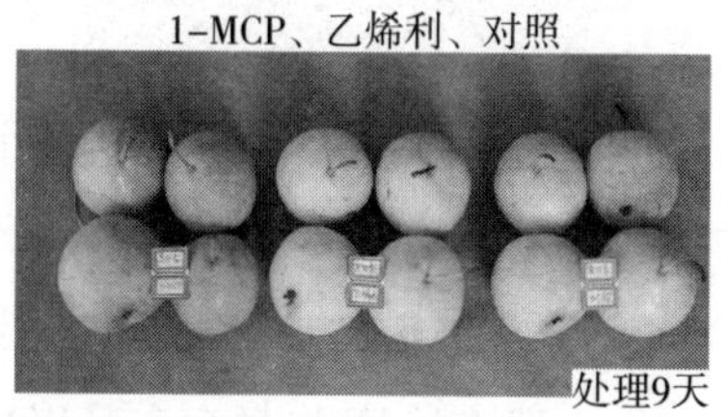

图 2　1-MCP 不同处理次数及乙烯利处理的后熟效果（处理）

3. 冷库贮藏

（1）库体准备和入库：入库前，库体和周转箱应彻底清洗和消毒，并通风换气。

（2）预冷处理：‘京白梨’果实采摘后，先置于背阴处散掉田间热，再入冷库预冷，预冷温度 3~5℃，待果实冷却后进入冷藏库贮藏；或分次分批采收入库，每批次入库量一般小于 1/3 库容量。

（3）贮藏条件：温度 -1~0℃，相对湿度 90%~95%。

（4）MAP 包装：果实采后直接装入内衬 0.01 毫米 PE 薄膜袋的纸箱（不超过 10 千克）或塑料周转箱（不超过 20 千克），

敞开袋口入库预冷，待果实温度降至0℃后扎口，-1~0℃贮藏（图3）。

（5）贮藏管理：贮藏过程中，应定期进行库内温湿度监测、记录，发现异常，及时调整；定期检查果实贮藏情况，如发现果实产生异味、褐变、腐烂等问题，及时处理；经常进行解袋通风，以免乙烯和CO_2蓄积造成生理伤害。

图3　冷藏8个月的‘京白梨’

4. 定期出库及后熟调控技术

一般在冷库贮藏5个月以内，‘京白梨’果实可以依据市场需求定期出库，在人工模拟其果实后熟软化条件的贮藏室内完成后熟后上市。

后熟条件：果实置于内衬PE薄膜袋的纸箱或塑料周转箱，留有通气孔，温度为18~21℃，湿度不超过90%，9~12天后果实正常后熟，且保持其原有风味口感。

三、适宜地区

冀东‘京白梨’产区。

四、注意事项

‘京白梨’为软肉型果实，果实经后熟由黄绿转为黄白后，要轻拿轻放，避免果面摩擦，此时，果实宜用柔软的包果纸或发泡网套单果包装后，装箱运输，防止果皮褐变和擦伤，影响外观品质。进入冷藏的果实，要在后熟之前务必入库，否则很快造成低温伤害，果心褐变，使果实失去商品性。

（乐文全　魏建梅　供稿）

‘巴梨’采收、贮藏、后熟销售及食用技术

一、针对的产业问题

‘巴梨’为我国栽培较多的中熟优良西洋梨品种，可用来鲜食或制罐。在烟台、大连等地有较大面积种植，河南、河北、陕西、山西、甘肃、北京等地也有零星栽培，主要销往东北三省及俄罗斯等地。然而，长期以来，由于采收期不适宜、后熟技术不过关、销售方式不得当、食用方法宣传力度不够等原因，造成巴梨果实后熟品质差、不均匀、腐烂率高以及销售人群窄等诸多问题，严重影响了‘巴梨’货架期的品质和市场占有率，给贮藏企业及销售商造成严重的经济损失。

二、技术要点

1. 采收

采收成熟度直接影响‘巴梨’果实的后熟品质及销售等各个环节，因此，适时采收是保证‘巴梨’采后商品性的关键因素之一。贮藏的‘巴梨’适宜采收标准为：单果重≥180克，可溶性固形物≥11.4%，去皮硬度≥6.5千克（8毫米测头），采收时种子乳白色，极少数种子浅褐，果实生长发育期（即盛花至采收时的天数）120~125天，北京大兴区在8月中下旬，与其气候条件相似的‘巴梨’产区可参考。

2. 贮藏条件

最适冷藏温度 -1~0℃，相对湿度为90%~95%，贮藏期

2~3 个月。采收后应尽快入库预冷、贮藏。

3. 后熟技术

最佳后熟温度为 20℃，相对湿度为 90%~95%，在此温、湿度条件下，刚采收的果实 7~8 天即可达到最佳食用期。短期低温冷藏，对果实后熟也有一定促进作用。

乙烯催熟的适宜浓度为 100 微升 / 升，密闭处理 24 小时，处理后通风换气。乙烯催熟可使‘巴梨’提早 1~2 天后熟，刚采收的果实在 6~7 天内完成后熟。

建贮藏库时应配备专用催熟室（图 1），或利用闲置的房屋、冷藏库，也可用塑料大帐进行乙烯处理。

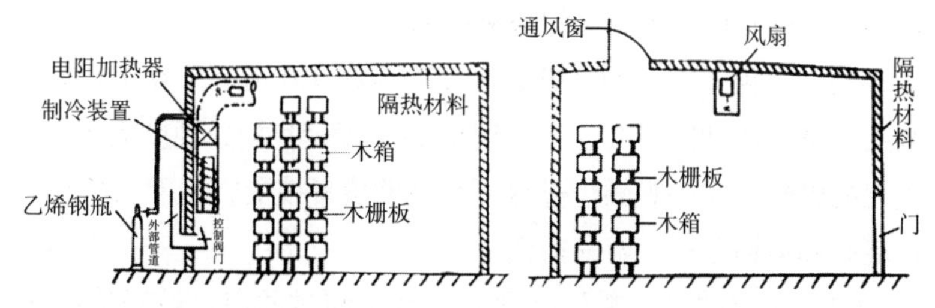

图 1　催熟室示意图（摘自《果品采后处理及贮运保鲜》，王文辉等，2007）

根据果实后熟软化情况，巴梨后熟分Ⅰ~Ⅳ 4 个阶段（表 1，图 2）。

表1　‘巴梨’不同后熟阶段

后熟阶段	果实硬度（千克/平方厘米）	自然后熟（天）	乙烯催熟（天）	状态
Ⅰ	>6.5	0	0	采收，果肉粗硬，皮色绿
Ⅱ	4.0~6.0	5~6	4~5	用于超市销售或展示，皮色黄绿
Ⅲ	2.0~4.0	6~7	5~6	可食用期，皮色由绿转黄，容易损伤
Ⅳ	<2.0	7~8	6~7	最佳食用期，皮色鲜黄，甜且多汁

注：果实硬度采用 FT-327 测定，8 毫米测头

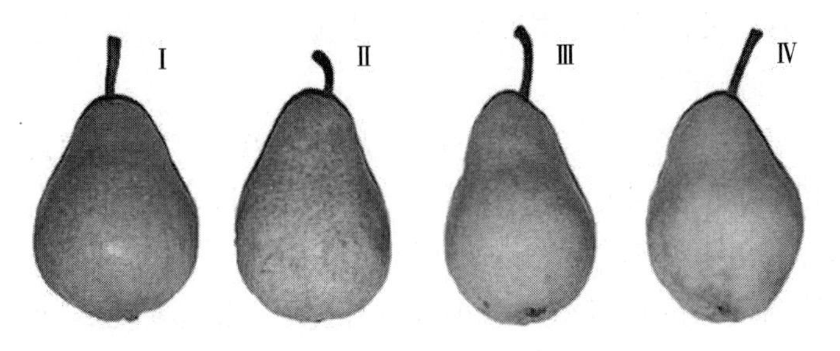

图 2 ‘巴梨’不同后熟阶段外观表现

4. 销售

（1）销售时提前 4~5 天进行催熟处理，以保证销售的梨果达到应有的硬度要求，采用冷链运输。

（2）销售商接收的‘巴梨’硬度应在 4.0~6.0 千克（8 毫米测头）范围内即阶段Ⅱ上市，留出 2~3 天销售期，硬度大于 6.0 千克的巴梨果实外观颜色过绿不易被消费者接受，小于 3.6 千克在装卸和运输过程中容易损伤。

（3）摆放的‘巴梨’果柄向上且不超过两层，最好单层摆放，以避免果柄刺破果面或相互挤压擦伤。

（4）不断更新销售的果实，移除有擦伤或损坏的果实，受损果及时低价销售以减少经济损失。

5. 食用方法

与其他西洋梨一样，‘巴梨’可食用与否一般可通过“看、闻、摁”等方式进行判断。

一看：果皮颜色开始转化，果面由深绿转为绿黄。

二闻：果实散发出浓郁的香味。

三摁：手掌托住果实，用拇指摁压果实颈部，如变软即可食用。

三、适宜区域

‘巴梨’产区、贮藏企业、销售商以及消费者。

四、注意事项

1. 梨果采前1周内梨园应停止灌水，并选择晴天气温凉爽时采摘。采收前，清除树下落地果，采收时，剔除残次果，轻摘、轻放、轻装、轻卸，避免磕碰伤、擦伤等机械伤害。

2. 为了满足对市场的持续供应，延期销售的果实采收后应立即进行预冷和贮藏。

3. 后熟过程中应不定期经常检查，发现过熟果及早清除，以免腐烂影响其他果实。

4. 如果实已后熟（即进入阶段Ⅲ），又不立即食用，应在冰箱冷藏室存放，食用期可延长3~5天。如果实购买后仍坚硬，室温条件下（20℃左右）放入塑料袋中挽口以加快果实后熟，也可与苹果、香蕉等放在一起促进软化。

（王文辉　贾晓辉　亓丽萍　供稿）

梨果 1-MCP 保鲜处理技术

一、针对的产业问题

近年来‘鸭梨’、‘砀山酥梨’、‘南果梨’、‘黄金梨’等的虎皮病，‘鸭梨’、‘黄冠’、‘黄金梨’等的黑心病等，砂梨、秋子梨和西洋梨常温软化过快，导致贮藏果实品质下降，货架期短，售价持续走低，严重时甚至失去商品性。

1- 甲基环丙烯（1-MCP）是一种环丙烯类化合物，在常温下以气体状态存在，无异味，沸点低于 10℃，在液体状态下不稳定。当植物器官进入成熟期时乙烯大量产生，并与细胞内部的相关受体结合，激活一系列与成熟有关的生理生化反应，加快植物器官的衰老和死亡。与乙烯分子结构相似的 1-MCP 可与这些受体竞争性结合，抑制与后熟衰老有关的各种生化反应。因此，在植物内源乙烯产生之前使用 1-MCP 处理，1-MCP 会抢先与相关受体结合，阻碍乙烯与其结合，抑制随后产生的成熟衰老反应，延迟果实后熟衰老进程，保持果实脆度、鲜度和酸含量等。

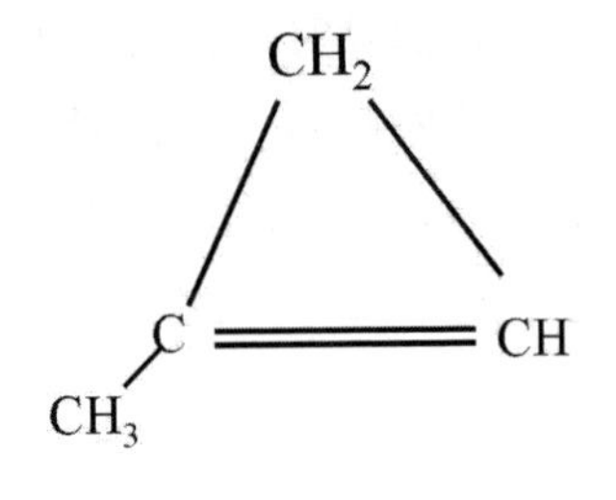

中国农业科学院果树研究所近 10 余年来开展了梨四大栽培种的 20 余个品种 1-MCP 的应用效果研究，结果表明：1-MCP 处理抑制梨果实呼吸代谢，推迟呼吸高峰出现，室温下，采用 1-MCP 处理的软肉梨果实呼吸强度仅有对照的 40%~55%，处理的酥梨等呼吸强度为对照 60%~80%。1-MCP 处理有利于保

持梨果实硬度和鲜度，对于延长贮藏期和果实货架寿命、抑制或延缓梨虎皮病、黑心病等方面效果显著。梨果采用1-MCP保鲜处理，贮藏寿命与未处理相比可延长30%以上，货架期延长1~2倍（品种不同有所差异）（图1）。采用1-MCP处理，果实可适当晚采，以提高品质。

图1 室温下30天保绿效果（左为'库尔勒香梨'，右为'早酥'梨）

二、技术要点

1. 处理环境

1-MCP是无色无味的气体，使用1-MCP处理时，保证处理场所气密性良好。若无法保证场所的气密性，可采用塑料大帐密封处理。

2. 梨果处理浓度

一般为0.5~1.0微升/升。'丰水'、'圆黄'、'砀山酥梨'等对二氧化碳较不敏感品种可采用1.0微升/升熏蒸处理；'黄金'、'鸭梨'、'八月红'等对二氧化碳敏感品种，宜采用0.5微升/升，西洋梨和秋子梨系统的品种，使用浓度更低些。

3. 处理温度

处理效果与温度有关，处理最佳温度为10~20℃。

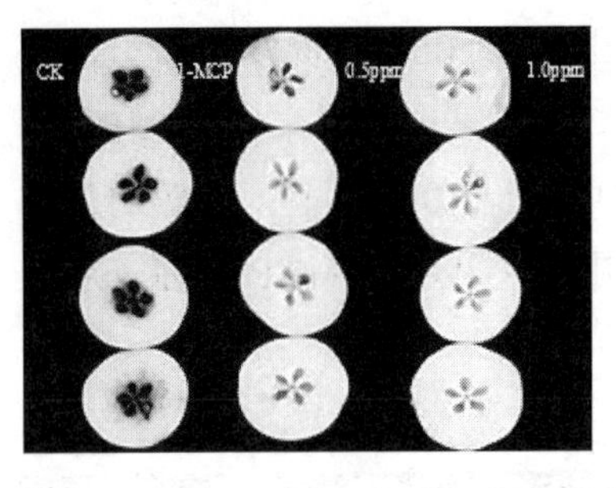

图2　1-MCP 抑制‘五九香’梨果黑心病（冷藏6个月）

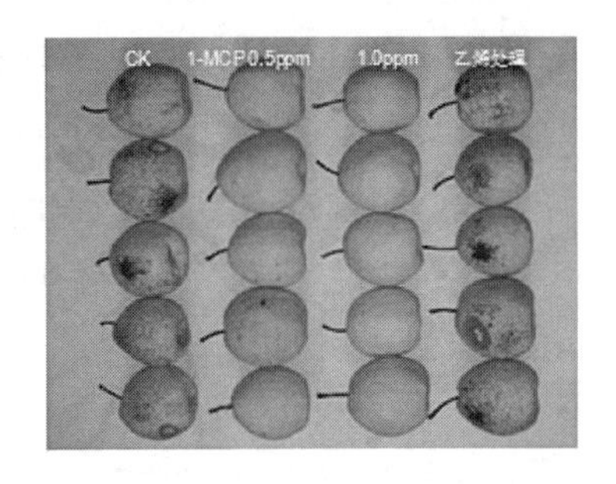

图3　1-MCP 抑制‘砀山酥梨’虎皮病（冷藏9个月+20℃9天）

4. 处理时间

处理时间取决于水果的温度，室温时相对的时间要少，冷藏温度处理的时间要长，一般12~48小时。

5. 商业销售的1-MCP制剂

有粉剂、片剂和液体剂型等。可用于纸箱、泡沫箱、集装箱、大帐及冷库等。具体使用方法可根据厂家使用说明。

三、注意事项

1. 虽然1-MCP处理对梨果实保鲜效果显著，但从目前的研究看，其也有不利影响。一是抑制果实香气的形成；二是西洋梨和秋子梨品种采收过早，使用浓度不当果实不能正常后熟。

2. 果实采后要尽快处理。果实采后应在尽可能短的时间内用1-MCP进行处理，采后处理越晚，效果就越差。

3. ‘鸭梨’、‘黄金’、‘八月红’等一些对CO_2敏感的品种在使用1-MCP处理时会增加CO_2伤害的可能性。二氧化碳敏感品种如果采用保鲜袋贮藏，保鲜袋则必须打孔，贮藏期间，应定期通风，以免CO_2积累对果实产生伤害（加重果面和果心褐变）；冷藏库采用1-MCP处理梨果实贮藏温度应适当提高0.5~1℃，气调贮藏库内CO_2浓度应相应降低。

4. 检查设施气密性，1-MCP 有效存在状态是气体，处理期间设施气密性直接影响 1-MCP 保鲜效果。

5. 处理温度和时间。处理时间和温度对果实的贮藏质量也有一定的影响，处理时间越长，处理温度越高，对 1-MCP 的作用效果越明显。在具体应用中，常温下处理 12~24 小时，冷藏条件下处理 24~48 小时，即能达到良好的效果。

6. 1-MCP 可被一些材料（如木板、纸板、复合板）吸收，为避免包装材料对果实造成的影响，建议酌情增加使用量。

7. 如处理容器空间较大或处理果实量较大，最好在室内不同部位放几个风扇，有利于 1-MCP 气体快速和均匀地扩散，并且有利于被处理的果实快速和均匀地吸收。处理完后要使所处理果实在通风状态下保持 1 个小时左右，再进行正常贮藏。

8. 1-MCP 处理需要结合适宜成熟度、处理温度、处理浓度、处理后温度和气体成分等贮藏参数调整等相应配套技术，才能达到应有效果，一些梨品种若处理条件不当，会产生负面作用。商业产品使用前一定要仔细阅读说明书或在专业人员指导下使用。

（王文辉　佟伟　王志华　贾晓辉　供稿）

普通冷藏库梨果贮藏管理技术要点

一、针对的产业问题

普通冷藏库是我国梨果贮藏的主要方式之一，据不完全统计，我国用于梨果的普通冷藏库容在 320 万 ~350 万吨，占全国梨年产量的 21%~23%。主要分布于新疆（库尔勒、阿克苏等）、河北（石家庄地区、邯郸魏县、沧州泊头等）、山东（阳信、龙口、蓬莱、莱阳、莱西等）、辽宁（海城、鞍山等）、陕西（蒲城等）、山西（晋中和运城）、北京大兴等梨主产区。各地贮藏技术和管理水平参差不齐，不同梨品种预冷工艺参数、冷藏最佳温度和通风管理均有所差异。近年，由于贮藏技术缺乏和管理不规范等原因，造成梨果贮藏期间虎皮、黑心、冻害等贮藏事故时常发生。贮藏管理技术关键是适期采收、精确控制库温、保持库内湿度和加强通风换气。

二、技术要点

1. 适期采收

适期无伤采收对梨果贮藏保鲜至关重要。晚采有利于内在品质提高尤其是糖度的增加，但不利于果实贮藏，过早采收对提升果实品质和贮藏均不利。总体来说，梨果早采易虎皮，晚采易黑心。作为多数贮藏的梨果采收及销售原则：晚采先销（晚采短贮），早采晚销（早采长贮）。主要梨品种冷藏果实适宜采收成熟度指标见表 1，不同产区、不同土质及气候条件均会对同一品种采期产生一定影响。

表1　主要梨品种冷藏果适宜采收成熟度参考指标

品 种	果实硬度（千克/平方厘米）	SSC（%）	生长发育期（天）	品 种	果实硬度（千克/0.5平方厘米）	SSC（%）	生长发育期（天）
‘酥梨’	5.0~6.0	>11.0	145~150	‘红克拉普’	7.5~7.9	≥11.0	98~106
‘鸭梨’	>5.5	>11.0	145~150	‘巴梨’	>6.5	≥11.4	120~125
‘雪花’	7.0~9.0	>11.0	145~150	‘阿巴特’	>6.5	>12.0	120~125
‘库尔勒香梨’	5.0~7.0	>11.0	135~145	‘凯斯凯德’	6.5~7.7	≥12.5	145~150
‘红宵’	>7.5	>11.0	150	‘康佛伦斯’	5.7~6.3	≥12.5	150~160
‘丰水’	5.0~5.5	12.5	135~145	‘五九香’	>6.5	>11.0	135~140
‘黄金梨’	6.0~6.5	12.5	140~145	‘南果梨’	5.5~6.5	>12.5	125~135
‘圆黄’	6.5~7.0	11.5	135~140	‘京白梨’	>5.6	>10.5	135~140
‘翠冠’	5.0~5.5	>11.0	105~115	‘鸭广梨’	>7.5	>11.0	145~150
‘黄冠’	—	>11.0	125~130				
‘黄花’	—	>11.0	125				

注：果实硬度用FT-327测定，其中秋子梨和西洋梨用8毫米测头，单位为千克/0.5平方厘米，白梨和砂梨用11.3毫米测头，单位为千克/平方厘米。西洋梨成熟度指标适宜北京大兴梨产区或与其物候期相似的产区

2. 温度管理

（1）最适贮藏温度：温度是果蔬贮藏最重要的环境因素之一，低温是一切鲜活农产品贮藏的基础条件。东方梨果实冰点一般在-1.5℃左右（取决于可溶性固形物含量高低），果实适宜贮藏温度为-1~1℃，大多数西洋梨和秋子梨系统果实适宜温度-1~0℃。北方产区的‘库尔勒香梨’、‘红香酥’、‘雪花’、‘丰水’等果实温度控制在-1~0℃，贮藏期和保鲜效果明显好于0~1℃。贮藏期间，贮藏库内温度波动应< ±1℃，相对湿度应保持在85%~95%（长期贮藏湿度应高些）。梨果贮藏期以不

影响果实的销售为限，且出库后室温下应有一定的流通时间和货架期。表 2 给出了一些品种适宜冷藏温度和推荐贮藏期的上限。

表2　主要梨品种适宜冷藏果实温度和推荐贮藏

品 种	温度（℃）	贮藏期（月）	品 种	推荐温度（℃）	贮藏期（月）
‘砀山酥’	0	5~7	‘爱宕’	0~1	6~8
‘鸭梨’	10~12→0	5~7	‘二十世纪’	0~2	3~4
‘雪花’	−1~0	5~7	‘翠冠’	0~3	2~3
‘苹果梨’	−1~0	7~8	‘丰水’	−1~0	5~6
‘库尔勒香梨’	−1~0	6~8	‘新高’	0~1	5~6
‘锦丰’	0	6~8	‘圆黄’	0~1	4~5
‘茌梨’	0	3~5	‘黄金梨’	0~1	4~5
‘秋白梨’	−1~0	7~8	‘南果梨’	0	4~5
‘黄冠’	0	5~8	‘京白梨’	−1~0	4~5
‘早酥’	0~1	1~2	‘安梨’	−1~0	7~8
‘栖霞大香水’	0	6~8	‘晚香’	0~1	6~7
‘冬果梨’	0	6~8	‘花盖’	−1~0	5~6
‘金花梨’	0	6~7	‘八月红’	0	3~4
			‘五九香’	0	3~4
‘黄花’	1	2~3	‘安久’	−1~0	4~6
‘苍溪雪梨’	0~3	3~5	‘巴梨’	0	2~3

注：摘自《果品采后处理及贮运保鲜》和 NY/T 1198–2006，部分品种根据生产实际略有改动

（2）测温仪器种类及选择：精准的温度管理是梨果长期贮藏的关键。温度测定仪器宜使用精度较高的电子数显温度计或水银温度计，其测定误差不得大于 0.5℃。玻璃棒状温度计最好选用 0.1℃或 0.2℃分度值 0℃范围在玻璃棒中部型号的水银温度计，如 −20~30℃等（图 1），电子数显温度计分辨率应为 0.1℃。贮藏过程中，果实温度变化幅度较小，果温可反映出温度管理水平（图 2）。

（3）温度计的校正：温度计至少每年校正 1 次以保证精确度和灵敏度。在贮藏期间检验温度计时，可用经过授权单位签发合格证的标准水银温度表来进行对比检验，也可在冷库中用冰水混

合（0℃）的纯净水校正。温度校验时，要避免受人体、光源等热辐射的影响。

（4）测温点的选择：温度计或传感器尽可能地放在冷库中有代表性的点上，包括冷点（库内温度最低的位置点，在蒸发器附近）、热点（远离蒸发器的位置点）以及果箱内。库内冷点温度不得低于最适贮藏温度的下限，对梨果来说此下限为果实冰点。测温点的多少取决于冷库的容积大小，但至少应选 2 个以上有代表性的测温点。

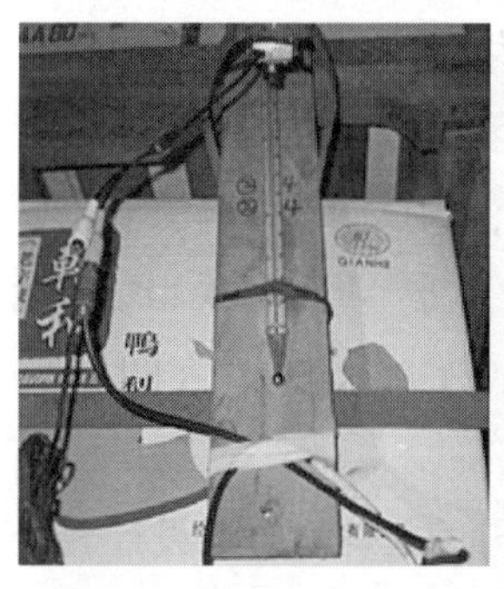
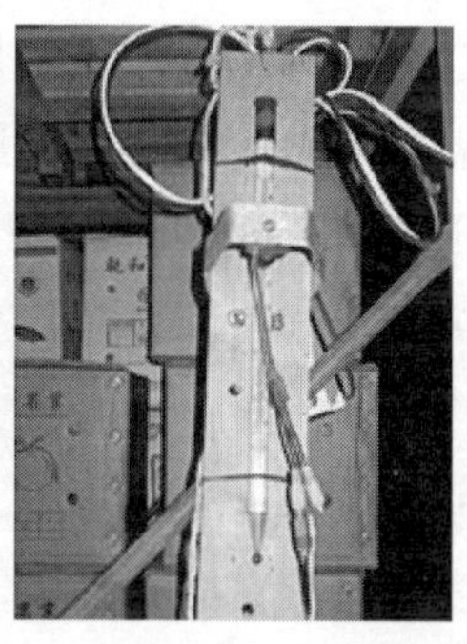
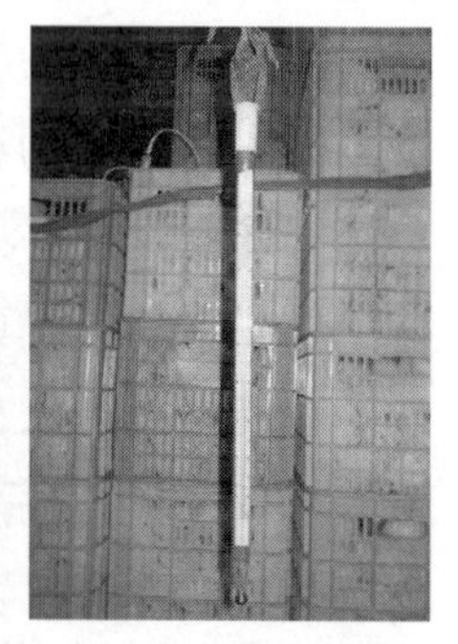

图 1 河北‘鸭梨’、‘黄冠’和新疆‘库尔勒香梨’贮藏库内使用的 0.1℃标准二等温度计

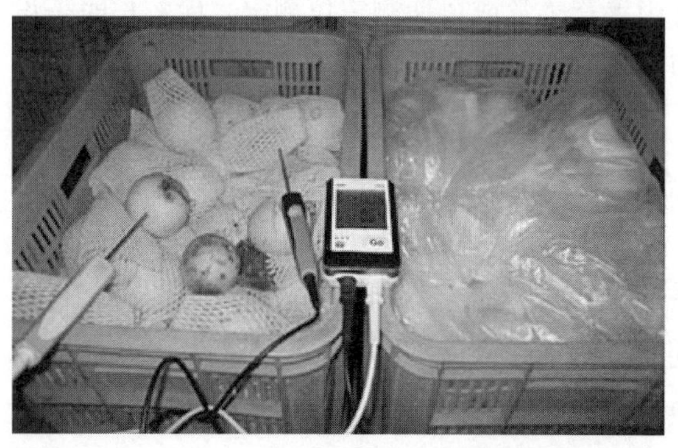
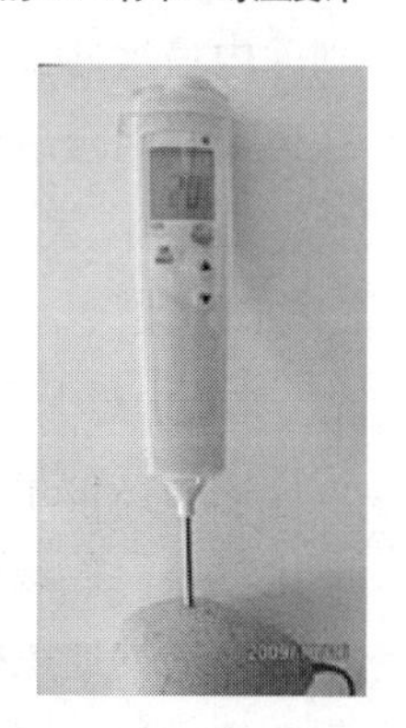
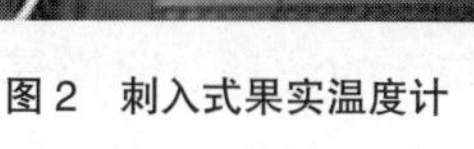

图 2 刺入式果实温度计

（5）温度的记录：每次测量时都应注明果实温度、库房空气温度和测点位置，大型库房建议采用电脑连续监测、记录，数据定期备份，以便调整贮藏参数和质量追踪。

（6）靠近蒸发器和风道冷风出口处的果实应采取塑料薄膜覆盖，以防失水和发生冻害。入贮初期，冷点在靠近蒸发器附近上方，入库结束库温降至最适温度后，冷点在靠近蒸发器的下方。

3. 湿度管理

梨果贮藏期间适宜相对湿度应控制在90%~95%。可采用地面洒水、挂湿草帘或加湿器加湿。湿度管理需注意以下几点。

（1）相对湿度应在入满库后湿度变化较小时测量。

（2）库内平均温度与致冷剂蒸发温度之差应≤5℃。

（3）相对湿度测量仪器误差应≤5%，测点的选择与测温点一致。‘砀山酥梨’、‘黄冠’、‘丰水’、‘圆黄’等一些品种采用塑料薄膜小包装方式贮藏，袋内湿度可满足要求，库内不必加湿（图3）。

4. 库内空气循环及通风管理

为提高降温速度、保持库内温度均匀，蒸发器布局设计要合理，库体较宽时需安装2台或多台吊顶风机，吊顶风机风压要打到库内最远处，可用手背感觉或风速测定仪测定，库较长时需设送风道或两台吊顶风机对吹。垛间风速建议为0.25~0.5米/秒。

5. 通风管理

‘鸭梨’、‘黄金’、‘八月红’、‘锦丰’、‘茌梨’等对CO_2敏感，‘砀山酥梨’、多数砂梨品种等对乙烯敏感。库内CO_2较高或库内有浓郁果香时，应通风换气，排除过多的CO_2及C_2H_4等有害气体。贮藏期间，特别是入库期间、贮藏前期和贮藏后期要加强库内外通风换气。通风宜选择清晨气温最低时进行，以防止引起库内温、湿度有较大的波动。除换气外也可在靠近风机的位置（回风处）放置石灰和乙烯脱除剂，消除有害气体。

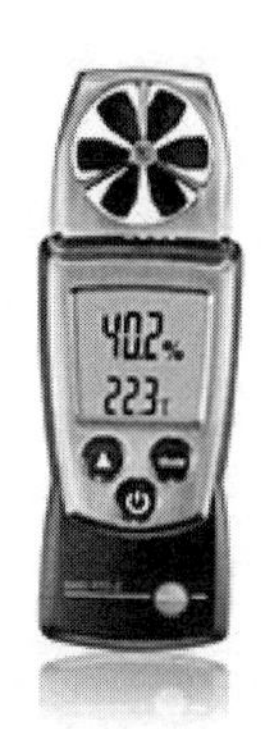

图 3　便携式温度、湿度（左，608-H2 型）及温度、湿度和风速测定仪（右，410 风速仪）

6. 塑料小包装自发气调贮藏

采用塑料薄膜袋贮藏，可以减少果实在贮藏过程中失水皱皮，保持果柄新鲜和果面亮度，一定程度上延长果实的贮期。‘丰水’、‘圆黄’、‘阿巴特’、‘砀山酥梨’等对 CO_2 有一定忍耐力，可采用厚度≤ 0.02 毫米专用 PE 或 PVC 保鲜袋扎口贮藏，也可采用高 CO_2 渗透膜袋。其方法是：果实采后带袋或发泡网套包装直接装入内衬薄膜袋的纸箱或塑料周转箱，每袋不超过 10 千克，敞开袋口入库预冷，待果实温度降至 0℃后扎口，-1~0℃环境下贮藏，贮藏过程中，袋内 CO_2 浓度应＜ 2%，否则可能产生果肉褐变。采用此种方式，库内不必加湿。‘黄金梨’、‘鸭梨’、‘八月红’等对 CO_2 敏感，不可采用小包装扎口贮藏。‘黄冠’梨用厚度≤ 0.01 毫米的 PE 袋贮藏运输，保鲜效果良好（图 4）。

图 4　冷藏库‘黄冠’梨采用箱内衬 PE 薄膜

三、注意事项

1. 不可与苹果、桃、李等其他水果混贮，乙烯敏感品种如‘砀山酥梨’、多数砂梨品种等不可与‘库尔勒香梨’、‘鸭梨’、西洋梨、秋子梨等乙烯释放较多品种混贮。

2. 按品种分库、分垛、分等级堆码，为便于货垛空气环流散热降温，码垛时，垛与垛、箱与箱之间要留出足够的空间（图 5），有效空间的贮藏密度约 250 千克 / 立方米左右，箱装用托盘堆码允许增加 10%~20% 的贮量。

图 5　贮藏库不同码垛方式

4. 为便于检查、盘点和管理，垛位不宜过大，入满库后应及时填写货位标签和平面货位图。

5. 采用纸箱贮藏要注意堆码高度和纸箱抗压力，以免纸箱打堆变形，果实碰压伤加重，建议使用塑料周转箱架式贮藏。

6. 一些梨果冷藏库，如‘库尔勒香梨’等，库满温度稳定后不再开库，也不通风，因密封性较好使冷库内依靠果实自身呼吸保持较高的 CO_2 浓度和较低的 O_2 浓度，从而起到自发气调的保鲜作用，此方法仅适用于较耐 CO_2 的品种。要注意监测库内 CO_2 浓度，以免产生 CO_2 伤害。

7. 中、长期贮藏，贮藏期间应每月抽检一次，检查项目包括黑心病、二氧化碳伤害、黑皮、异味、腐烂等情况，并分项记录，如发现问题及时处理。

（王文辉 贾晓辉 杜艳民 供稿）

通风库（窑、窖等）梨果贮藏管理技术要点

一、针对的产业问题

依靠自然冷源降温的半地下式（或全地下）通风贮藏库和土窑洞等简易场所进行短、中期贮藏是我国北方一些水果产区的主要贮藏方式，其中，以皖、苏、豫等酥梨产区半地下通风库，晋、陕酥梨产区土窑洞及东北地区的半地下或地下通风库（窖）最为普遍（图1）。我国此种模式贮藏量约占梨果采收年产量的30%以上，皖苏豫梨产区'砀山酥梨'基本采用通风库贮藏。

图1　全地下（半地下）通风库及土窑洞

通风库（窑、窖）可建在果园，也可建在庭院，结构简单、造价及贮藏成本低，适宜晚熟耐贮品种如‘砀山酥梨’、‘秋白’、‘苹果梨’、‘花盖’等。通风库（窑、窖）受地域和气候限制，尤其是近年暖冬出现，9~11 月气温较高，技术管理不当或贮期过长，腐烂较高（通常 10%~15%），品质劣变严重。

二、技术要点

通风库（窑、窖等）设计草图见图 2、图 3。通风库（窑、窖）贮藏管理技术关键：一是采前合理使用农药杀菌，减少入贮果实带菌；二是尽可能减少磕、碰、压、刺、摩擦等机械伤；三是入贮初期（9~11 月）充分利用晚间低温及寒流加强库内通风降温。该类型库（窖、窑）温度越高，病伤果越多，烂损越重。通风库（窑、窖）最佳贮藏温度为 –2~5℃（在此范围越低越好），只要库（窑、窖）温能尽快控制在 5℃以下病害就可大大减轻，0℃左右可抑制绝大多数病原微生物的生长，果实腐烂率可大大降低。半地下式通风库和土窑洞贮藏管理技术较为相似，其贮藏管理要点介绍如下。

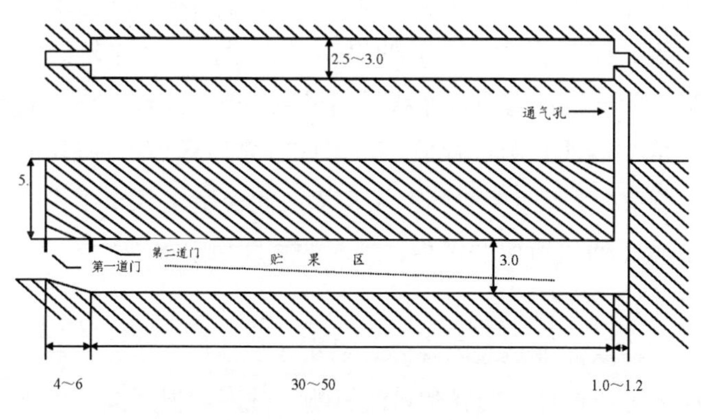

图 2 土窑洞（大平窑）结构示意图（单位：米）

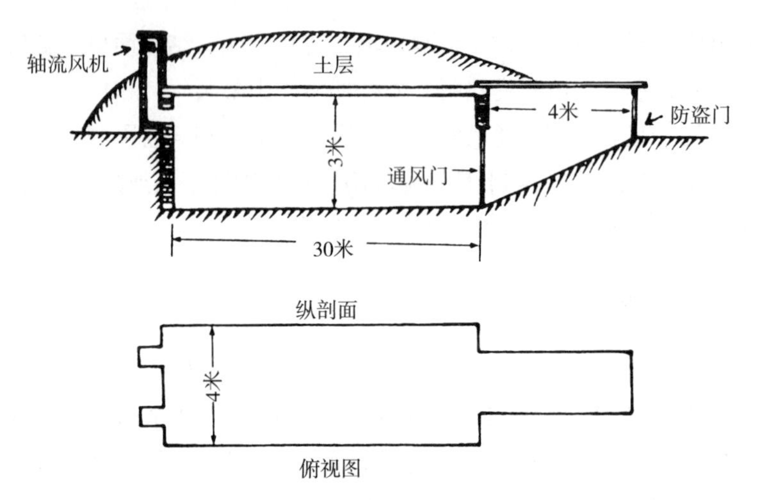

图3 强制通风库结构示意图

1. 贮前准备

梨果入库前需将果箱、果篓等置于库内进行消毒或在晴天时暴晒。药剂消毒可用硫磺、过氧乙酸、漂白粉、福尔马林等熏蒸或喷洒消毒。硫磺消毒，按 10 克 / 立方米用量，加少许酒精或木屑助燃，使硫磺充分燃烧产生二氧化硫，密闭 24 小时左右，然后通风 1~2 天后使用。其他药剂参照其说明进行。

通风库（窑、窖）贮藏，果实宜适当晚采，以利于降低窖温和果温，减少腐烂。入贮的果实采收后，应在库外经一夜预冷，第二天早晨日出前入库或果实早晨采收，立即入库（若窖温较高，可在窖外庇荫处存放一段时间，之后入窖）。码垛时，箱（篓）之间应预留通风空间，垛与垛之间应留出 0.5~1 米的通风道 1~3 条（通风道留的多少，视库的宽度而定）。

2. 秋季管理

入贮初期关键是通风降温。果实入贮前后，应充分利用晚间（21 时至次日 6 时）低温和寒流影响，凡库内温度高于库外温度时均应打开库（窑）门和通风口（装有轴流风机的，可打开风机强制通风）通风降温。随着气温的下降，当库内温度降至 -1℃时，即可停止通风降温，温度测定要用0.1~0.5℃分度值的玻璃棒状水银温度计，也可在库（窖）内门口处，放置一碗水，有冰有水是0℃。贮藏过程中注意经常在地面洒水以增加湿度，地面洒水除保湿外，水分蒸发，还有助于降温。窖温较高、腐烂较多时，应及时倒箱，剔除病、烂果，并及时带出库外。

3. 冬季管理

冬季保温、蓄冷、防冻是关键。当库（窖）温降到 -1℃时，应尽量保温，以不冻、不升温为原则，适当通风换气，使窖内土层更多地积蓄冷量，但外界冷空气进入库（窖）的最低温度（冷点）应不低于 -2℃，为防止靠近库（窖）门的果实受冻，应予覆盖，并利用门上方的气孔进行小循环，继续排热。冬季窖内保持 -1~0℃时间越长、窖内低温土层越厚，窖温越稳定，春季回温越慢。

4. 春季管理

翌年春季保冷、降温是关键。管理方法与秋季相同，春季气温回升时，夜间库外温度比库内温度低1~2℃，夜间吹南风时，不要再通风降温，以防库温回升过快。当夜间气温高于库温时（尤其在0℃以上），不可再进行通风，此时应加强库的封闭保冷，严禁在白天经常开门入库，以延长保冷时间。春季窑温变化主要是受土温的影响，有条件的地方可于冬季在窖内积雪或冰蓄冷，积雪或冰对窑内低温保持有明显作用。

三、注意事项

1. 梨果出库后，应及时打扫干净，封闭门窗、通气孔。尽量减少外部高温对库（窑）内的影响。

2. 通风库（窑、窖），依靠自然冷源通风降温，发挥作用的时期仅限于秋末至初春（春节前后），管理不当或贮期过长，腐烂较高，品质下降，因此，土窑洞和通风库一般只可作为短、中期贮藏使用。优质果品和中长期贮藏的梨，则应采用机械冷藏库或气调库贮藏。

3. 依靠自然冷源降低果库温度的半地下式通风贮藏库和土窑洞等贮藏成本虽然较低，但受地域和气候限制，尤其是近年暖冬出现，9~11 月份气温较高，管理不善的果库果实腐烂率较高。此种模式在黄土高原及北纬 40 度以北等冷凉地区苹果、梨的短、中期贮藏尚可发挥一定作用，其他地区尤其是皖、苏、豫‘砀山酥梨’老产区，入贮初期，可利用自然冷源越来越少，贮藏设施亟待升级。

（王文辉　姜修成　佟伟　供稿）

减少贮藏期间梨果实黑皮病综合管理技术

一、针对的产业问题

近些年来，由于梨市场的价格不稳，早采、采前大量灌水和化肥使用，加剧了梨果实内在品质下降，导致采后果实在冷藏后期出现果面大面积不规则的褐斑，严重时整个果实出现黑皮，俗称黑皮病。这是一种生理病害，主要表现在‘砀山酥梨’、‘鸭梨’、‘黄金梨’、‘翠冠’和‘五九香’等品种上，严重影响了果实的外观品质，降低了商品价值。

二、技术要点

1. 采前管理

梨果实采前 2 周内禁止“高肥、大水”管理，保证果实采收品质优良。

2. 采收管理

按照果实适宜采收成熟度采收，中、晚熟品种一般掌握在种子褐变率为 50% 以上时采收。鉴于生产上早采现象，对于黑皮病严重的品种，建议适当推迟采收 1 周左右。

3. 贮前管理

（1）采用涂蜡保鲜纸进行单果包装，最好采取添加乙氧基喹的保鲜纸包装。

（2）采用 1-MCP（1- 甲基环丙烯）熏蒸处理，浓度为 0.5~1.0 微升 / 升，密封时间为 12~24 小时。

（3）尽可能缩短入库时间，入库后应及时预冷。

4. 贮期管理

（1）贮藏箱体摆放时应留有通风道。贮藏前期每天通风换气1~2次，贮藏后期更要勤换气。同时，增加贮藏库体湿度。

（2）气调贮藏，一般采取CO_2（对于‘鸭梨’、‘黄金梨’，可控制在1%以下；对于‘砀山酥梨’可控制在3%左右）、O_2（5%~10%）的处理方式。

（3）减少贮藏温度变化幅度，延缓衰老。

1-MCP 对鸭梨黑皮病的影响

三、适宜区域

适宜‘砀山酥梨’、‘鸭梨’、‘黄金梨’和‘五九香’梨等品种的低温贮藏保鲜。翠冠梨常温贮藏时果皮变黑可采用1-MCP处理的方式。

四、注意事项

‘鸭梨’贮藏时多采用逐步降温的方式，但其他品种应适当缩短预冷时间，以延缓果实衰老。

（关军锋　供稿）

‘砀山酥梨’虎皮病防控技术

一、针对的产业问题

‘砀山酥梨’为我国产量和面积最大的梨品种，主要分布于陕、晋、皖、苏、豫等地，近十年来逐步形成以山西运城（临猗等地）、晋中（祁县等地）及陕西蒲城等地为中心的‘砀山酥梨’冷藏集散地。近年来，‘砀山酥梨’果实在冷藏库贮藏中、后期以及出库后货架期间发生虎皮病（图1），给贮藏企业和果农造成严重的经济损失。国家梨产业技术体系贮运保鲜岗位牵头，联合太谷和杨凌等综合试验站，在体系重点任务“梨果贮藏生理病害的防控技术研究与示范”（CARS-29-03A）资助下，自2009年以来，先后开展了‘砀山酥梨’适宜采收成熟度、精准贮藏温度、适宜气调参数、适宜预冷方式、气调贮藏参数（包括MAP自发气调）以及乙烯拮抗剂1-MCP处理保鲜技术研究。确定了‘砀山酥梨’适宜预冷条件、贮藏温度、适宜气调参数以及适宜1-MCP处理技术等，形成了‘砀山酥梨’虎皮病采后综合防控技术。

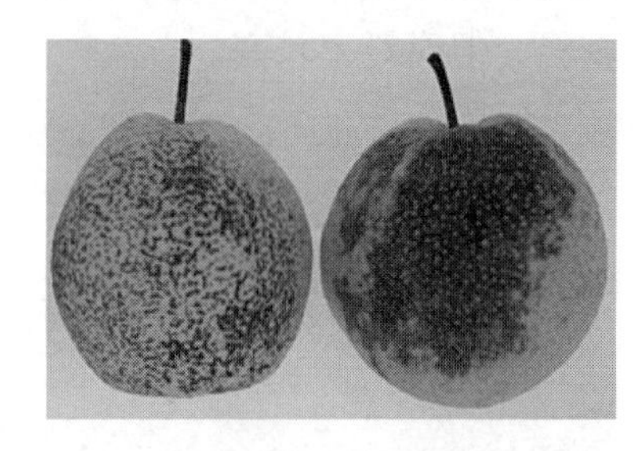

图1 ‘砀山酥梨’虎皮病典型症状

二、技术要点

1. 冷藏技术要点

（1）适期无伤采收：‘砀山酥梨’长期贮藏采收标准：果实

种子颜色由尖部变褐到花籽；果肉硬度 5.0~6.0 千克 / 平方厘米；山西运城和陕西蒲城等地可溶性固形物含量平均≥ 11.5%，山西晋中地区可溶性固形物含量平均≥ 12.0%（图 2）；果实发育期（盛花至采收的天数）150~155 天。建议运城、蒲城等地适宜采收期为 9 月上中旬，晋中地区‘砀山酥梨’适宜采收期为 9 月中旬至下旬。短期贮藏，可适当晚采。8 月 29 日至 9 月 27 日，果实采收越早，贮藏和货架期硬度保持较高，黑皮病发病程度较重。采收越晚，品质和风味相对较好，黑皮病发病程度较轻，但腐烂率较高。

图 2　果实溶性固形物含量和硬度可测定

分期分批采摘。采收时宜选择晴天气温凉爽时采摘。采前 1 周梨园应停止灌水，避免雨天采摘或雨后立即采摘。采收过程中要做到“四轻”，即轻摘、轻放、轻装、轻卸，避免造成“四伤”即指甲伤、碰压伤、果柄刺伤和摩擦伤。

（2）适宜入库温度：急降温（直接入 0℃库）‘砀山酥梨’保鲜效果好于缓慢降温，贮藏后期，急降温贮藏能降低果皮虎皮病指数，较好保持果柄新鲜程度。

（3）温、湿度及其管理：酥梨适宜贮藏温度为 0~0.5℃（果实温度），相对湿度 85%~95%。测温仪器宜使用精度较高的电子数显温度计或玻璃棒状水银温度计（0.1~0.2℃分度值，

图 3），其测定误差应< ±0.3℃。库内温、湿度（包括果温）应有专人负责测定、记录。测定仪器要用标准温度计定期校验或冰水（0℃）校验。

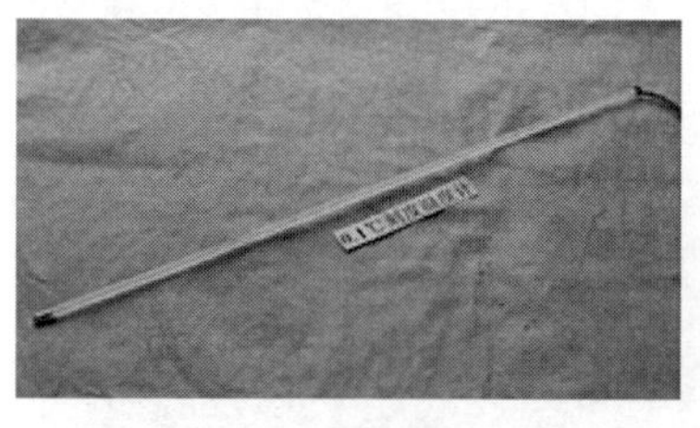

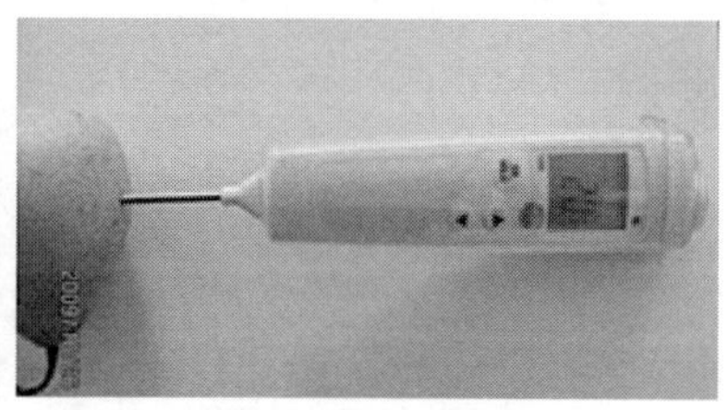

图 3　高精度玻璃棒状水银温度计（左）、果实温度计（右）

（4）冷藏贮藏期：山西运城和陕西蒲城地区‘砀山酥梨’冷藏期不宜超过翌年 4 月底，山西晋中地区不超过 6 月上旬。

（5）出库运输：翌年 4 月后出库的‘砀山酥梨’，运输和适宜货架温度应低于 15℃，0~15℃范围内温度越低，货架期越长、黑皮病发病指数越低。建议运输温度< 10℃。出口果需用冷链运输，国内远距离运输应预冷后保温运输。

2. 气调参数

‘砀山酥梨’对 CO_2 有一定忍耐力，气调贮藏对抑制和延缓其虎皮病作用明显（图 4），适宜气调参数为 $O_2$3%~5%，

图 4　‘砀山酥梨’气调贮藏效果（贮藏 9 个月 +20℃ 9 天）

CO_2 ≤ 2%，果实温度 0~1 ℃，相对湿度 90%，O_2 为 5% 时，CO_2 浓度不低于 2%。气调贮藏虽能抑制‘砀山酥梨’果实的虎皮病，但在极端特殊气候条件（如果实膨大期和采前降雨较多等）和贮藏期过长的情况下，环境 CO_2 浓度＞ 2% 可能会产生黑心。

3. 1–MCP 防虎皮病保鲜处理技术要点

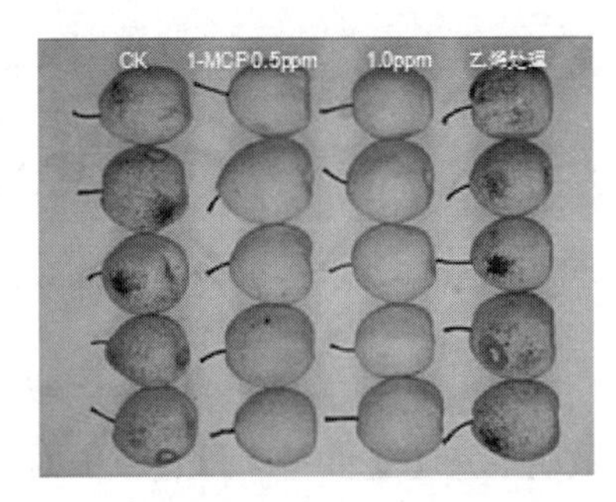

图 5 1–MCP 抑制‘砀山酥梨’虎皮病（冷藏 9 个月 +20℃ 9 天）

1–MCP 是一种新型乙烯拮抗剂，可保持果实硬度，延长梨果冷藏期和货架期，基本抑制梨果贮藏期虎皮病、黑心病的发生（图 5）。满库后 0.5~1.0 微升 / 升浓度密闭熏蒸处理 12~24 小时，之后常规冷藏即可。1–MCP 贮藏保鲜技术可使‘砀山酥梨’货架期延长 1 倍以上，贮藏寿命与对照相比延长 50% 左右。

4. ‘砀山酥梨’塑料小包装（MAP）自发气调贮藏技术要点

冷藏条件下，‘砀山酥梨’采用厚度约 0.02 毫米专用高 CO_2 渗透膜贮藏，果柄新鲜，果实保鲜效果较好。其方法是：果实采后带袋或发泡网套包装直接装入内衬薄膜袋的纸箱或塑料周转箱，每袋不超过 10 千克，敞开袋口入库预冷，待果实温度降至 1℃左右后扎口，0℃贮藏。贮藏过程中，袋内 CO_2 浓度≤ 2.0%。采用 MAP 方式贮藏，袋内湿度可满足要求，库内不必加湿。

三、适宜区域

‘砀山酥梨’主产区及贮藏企业（户）。

四、注意事项

1.‘砀山酥梨’果实温度低于0℃贮藏，可能加重货架期间虎皮病，果实不易转黄。

2.‘砀山酥梨’对乙烯敏感，不可与苹果或其他品种梨同库混贮。贮藏期间注意通风换气。

3.贮藏期间，要定期检查果实是否产生异味、果皮褐变、腐烂等，如发现问题，应及时处理。

（王文辉　王志华　姜云斌　郭黄萍　徐凌飞　贾晓辉　供稿）

高 CO_2 渗透薄膜包装保鲜梨技术

一、针对的产业问题

梨果实含水量大，多在 90% 以上，采后贮藏过程中极易失水，主要表现为果柄干枯、果皮皱缩和果肉软化发糠，失水严重时导致果实呼吸加剧，腐烂增加。因此，在采后处理中尽可能最大限度保持果实固有水分，采取薄膜包装可抑制果实水分散失，起到保鲜的效果。但是，大多数品种的梨果实对贮藏环境中 CO_2 极为敏感，包装内高 CO_2 会增加果实褐变，产生异味。因此，采用高 CO_2 渗透薄膜（如孔径为 0.01~10 微米的微孔薄膜以及特制高 CO_2 透过膜）包装处理技术，不仅减少果实水分损失，而且抑制果实呼吸和乙烯生成，延缓果实衰老，起到保鲜的目的。

二、技术要点

1. 处理前准备阶段

梨果实采后进行分级、加泡沫网套或保鲜纸（根据需要，也可以省略）处理，根据保鲜箱体的大小确定保鲜膜袋的大小。一般采用微孔薄膜以及特异性高 CO_2 透过膜，薄膜厚度为 10~20 微米，必要时，还可以人工打孔（孔径不大于 1 平方厘米）。

2. 贮藏前处理阶段

在保鲜膜放入贮藏箱体后，将果实整体放入保鲜膜内，或者在分层垫板上整体摆放果实，遮掩保鲜膜即可。对于 CO_2 敏感的品种不必扎紧袋口。之后，进入冷库预冷和贮藏。

3. 运输和货架阶段

采用低温运输和低温货架销售时，可采用较薄的保鲜膜进行包装，销售期间可在保鲜膜上适当打孔。常温运输和货架销售时更要采用较薄的保鲜膜，并适当打孔，以避免 CO_2 的积累导致伤害。

三、适宜品种

保鲜薄膜类型因果实品种而异。对于‘鸭梨’、‘长把梨’、‘黄金梨’等不耐 CO_2 的品种在贮藏前薄膜处理时，采用较薄（厚度为 10 微米左右）的微孔薄膜以及 CO_2 高透过膜，必要时人为打孔，每平方分米可打孔 8~10 个；对于‘砀山酥梨’、‘库尔勒香梨’等耐 CO_2 的品种，可采用较厚（20 微米）的薄膜包装。薄膜包装的果实应在低温下贮藏。

微孔膜对‘鸭梨’的保鲜效果（左：微孔保鲜膜包装　右：不包装）

四、注意事项

个别地区采用单果包装的方式进行贮藏，如‘砀山酥梨’、‘库尔勒香梨’，尽可能采用微孔膜或高 CO_2 渗透性保鲜膜，并注意防止手指划伤。包装内的定期检测 CO_2 浓度，发现异味、褐变和其他品质恶变现象，应及早打开包装，除去不正常果实。

（关军锋　供稿）

臭氧气体处理保鲜梨果实技术

一、针对的产业问题

梨果实在田间生长过程中，常带有导致果实腐烂的真菌，如黑斑病菌、青霉菌等。同时，在采收、运输及贮藏过程中，极易产生伤口而感染病菌，加之贮藏库体消毒不彻底，往往残留部分病菌，尤其是在高湿度贮藏库中，病菌繁殖能力较强，导致贮藏及货架期间腐烂发生，造成经济损失。因此，寻找无公害消毒、杀菌技术，意义重大。试验表明，采用臭氧发生器产生适量的臭氧，不仅起到显著的消毒、杀菌效果，有效降低果实腐烂率而且可以减少环境中乙烯浓度，延缓果实衰老，达到保鲜的目的。总体来说，臭氧保鲜处理技术具有无公害、低成本、高效的特点。

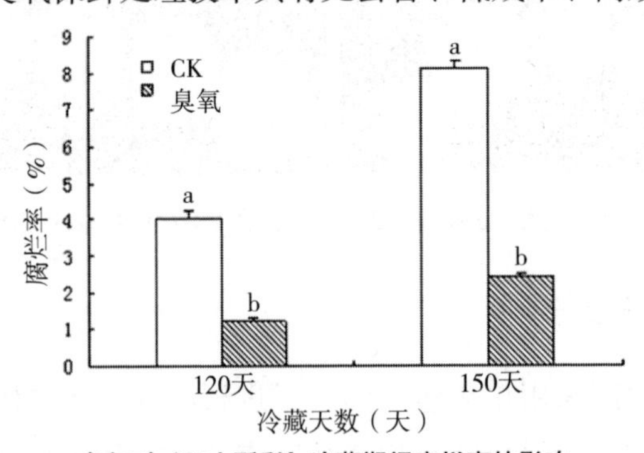

臭氧对‘砀山酥梨’冷藏期间腐烂率的影响

二、技术要点

1. 贮藏前处理

果实入库前进行空库消毒，臭氧气体处理浓度 12~20 毫克 /

立方米（相当于5.61~9.35微升/升），密封处理时间24小时以上。冷库消毒完毕后，果实入库，进行预冷。根据不同梨果实类型，采用不同的预冷温度和时间。

2. 贮藏期处理

果实预冷至贮藏过程中，可在库体内不定期释放臭氧气体。臭氧处理浓度，可根据不同的时间进行选择。一般来说，臭氧间歇处理浓度为4~24毫克/立方米。贮藏温度低时，可适当降低臭氧处理浓度；反之，贮藏温度高时，可适当增加臭氧处理浓度。也可以在保鲜包装袋内短时间冲入高浓度臭氧气体，臭氧处理浓度一般低于4毫克/立方米。

3. 最佳使用条件

温度低于10℃，相对湿度是90%~95%。

三、适宜区域

臭氧保鲜处理的目的是消毒杀菌，最适宜贮藏温度低于10℃，贮藏环境中最佳相对湿度是90%~95%。同时，适于半地下式通风库、未进行密封包装的梨果实保鲜。

四、注意事项

1. 臭氧发生器多以空气放电（如电晕放电）为主，应预防在高湿度环境中高压端短路。因此，要注意用电安全。

2. 臭氧处理浓度和时间要适当掌握，我国大气环境二级质量规定臭氧浓度不大于0.6毫克/立方米，因此，根据库体大小和果实贮藏情况决定具体的处理浓度和时间，以免过多的臭氧对人的眼睛、皮肤和呼吸系统造成伤害，也会降低果实贮藏品质。

（关军锋　供稿）

‘秋白梨’果肉冻干加工技术

一、针对的产业问题

‘秋白梨’为我国北方最古老的梨品种之一，果实长圆或卵圆形，平均重150克，果实大、果心小，果肉白色、肉质细脆，汁较多，风味酸甜，品质上等。‘秋白梨’营养丰富，含有各种有机酸、蛋白质、矿物质和多种维生素等，可入药医病，有生津、润燥、清热解毒、化痰止咳等医疗功效。目前，在辽宁西部和河北燕山山区有大量栽培，其总产量相当可观，一直用作鲜食，尚没有见到‘秋白梨’有关冻干食品。通过‘秋白梨’冻干技术的试验研究，掌握了适用于加工‘秋白梨’冻干食品的工艺方法，该‘秋白梨’冻干食品极大限度地保持原有的色、香、味、形和各种营养物质，而且便于运输和贮藏。

二、技术要点

为了减少冷冻干燥加工中的损耗，提高生产效率，并最大限度的保证冻干的质量，本项技术优化了真空冷冻干燥工艺参数（干燥室压力、物料厚度、加热板温度），对于真空冷冻干燥机理以及‘秋白梨’生产实践提供指导。

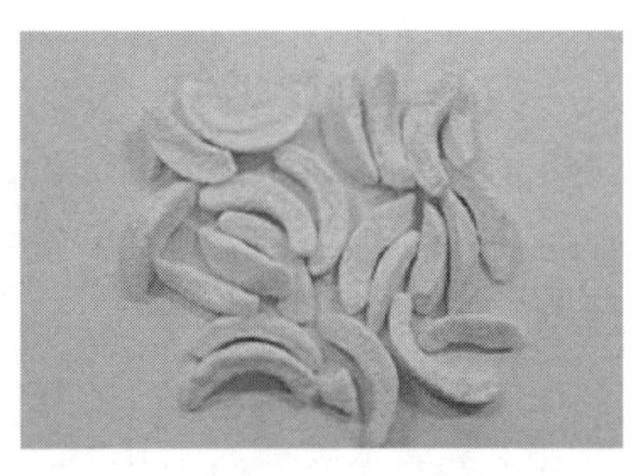

‘秋白梨’冻干果肉

冷冻干燥工艺为：果实筛选→清洗→切块→护色处理→冻结→升华干燥→解析干燥→包装。在冷冻干燥以前对梨果进行预处理，将其用洗涤剂清洗后，用清水冲洗干净，削去果皮，去掉果核，切成薄片 0.5 厘米厚，0.2% 异 Vc 钠和 0.5% 柠檬酸混合溶液护色 5 分钟，然后装盘，放入冷冻仓进行预冻结。

三、适宜区域

辽宁西部和河北燕山山区有大量栽培‘秋白梨’的地区。

四、注意事项

1. 物料厚度对干燥时间的影响较大，较厚将延长干燥时间。

2. 冷冻干燥工艺参数较优组合，需要根据实际情况进行合理调控。

（曹玉芬　田路明　董星光　供稿）

鲜榨梨汁指标及适宜品种

一、针对的产业问题

我国是世界第一梨果生产国，由于鲜果比重过大，加工业跟不上，梨果实产值较低，挫伤梨农积极性。我国栽培的梨有6个种，分别是白梨、砂梨、西洋梨、秋子梨、新疆梨和种间杂交种，不同种间、不同品种间果实品质差异较大，其果汁加工适宜性差异显著。目前，我国梨品种资源众多，梨汁加工企业较少，对现有梨品种资源的利用率非常低。本项目根据果汁加工品质特殊要求，利用现有资源开展果实加工适宜性研究，提出了不同种加工果汁的技术指标，并挖掘出适宜加工的品种。

二、技术要点

通过对413个品种的出汁率、单宁含量、褐变度、石细胞含量、可溶性固形物、可滴定酸、可溶性糖、汁液色泽、汁液清澈度8个指标的分析和鉴定评价，确定了鲜榨梨汁指标。

1. 鲜榨梨汁指标

白梨、砂梨等脆肉型品种出汁率在50%以上，可溶性固形物含量在11.0%以上，糖酸比25~100，褐变度小于0.1，果汁颜色无色或浅色。

秋子梨、西洋梨等软肉型品种出汁率在30%以上，可溶性固形物在12.0%以上，糖酸比15~60，褐变度小于0.1，果汁颜色无色或浅色。

‘翠冠’果实及果汁

注：果汁白色，果汁风味甜，出汁率61.4%，可溶性固形物12%，可溶性糖10%，可滴定酸0.14%，糖酸比71.4，总酚含量0.149，褐变度0.098

2. 适宜鲜榨汁的梨品种

适宜鲜榨汁的梨品种有：‘早生喜水’、‘幸水’、‘秋荣’、‘丰水’、‘黄花’、‘翠冠’、‘1212’、‘秋香’、‘雪青’、‘杭青’、‘甜秋子’、‘小花’等。

三、适宜区域

生产栽培适宜区域参照本品种生态特征。鲜榨汁梨果主要适宜生态餐厅、高档饭店及宾馆、家庭鲜榨鲜饮等。

四、注意事项

软肉型梨果需要经过适当后熟榨汁，以提高鲜梨汁品质及出汁率；因梨果肉中含有石细胞，鲜榨梨汁需要过滤处理。

（曹玉芬　田路明　董星光　供稿）

鲜梨汁加工过程中防褐和澄清技术

一、针对的产业问题

梨果实富含水分，风味独特，具有助消化、润肺止咳、退热解毒、利尿润便等功效，适于果汁加工。但梨果汁加工过程中容易出现褐变和浑浊现象，防褐变和澄清关键技术仍然存在比较大的问题。因此，在梨汁加工时应注意选择防褐和澄清技术，以得到澄清果汁。

二、技术要点

1. 梨的分选与清洗

首先去掉腐烂、病菌果、机械伤害以及农药、重金属等有害物质残留超标的果实，采用流水槽漂洗、刷洗和喷淋等方法清洗果实。适宜加工品种为风味浓郁的品种，如秋子梨以及成熟度较高的梨果实。

2. 果汁防褐变技术

采用热处理、超高压、超高压协同热处理的方法可有效防止鲜榨梨汁褐变。

（1）热处理方法：90℃下10秒瞬时灭活多酚氧化酶（PPO）活性。

（2）超高压处理：500兆帕、50℃、pH值3下保压10分钟。

（3）超高压协同热处理：500兆帕、65℃或者750兆帕、50℃下保压10分钟。

3. 果汁护色技术

在果汁加工过程中还可以添加柠檬酸（最终含量不超过0.8%）、抗坏血酸（最终含量不超过0.08%）、氯化钠和抗坏血酸（最终含量分别为0.044%和0.012 5%）、偏重亚硫酸钾（最终添加量不超过100毫克/千克）的方法，有效抑制褐变。

4. 果汁澄清技术

（1）硅藻土澄清法：在果汁中添加硅藻土，其用量不超过420克/1 000升。

（2）明胶—单宁法：在果汁中添加0.5%明胶液和1%单宁液，其用量分别为7.5%和7%。

（3）超滤膜超滤法：采用截留分子量为1K的聚醚砜超滤膜进行果汁过滤处理。

（4）无机陶瓷微滤膜微滤法：采用孔径为0.2微米的无机陶瓷微滤膜进行果汁微滤处理。

（5）硅藻土过滤机过滤：硅藻土过滤机进行果汁过滤时，硅藻土用量为0.01%左右，选择压力为0.3~0.35兆帕。

微孔膜对‘鸭梨’果汁澄清的效果（30℃下10天）
左：未进行膜微滤　右：0.2微米膜微滤

三、适宜品种

选择出汁率高、风味芳香的梨品种进行果汁加工，根据不同的条件选择不同的加工工艺。对于少量的果汁加工，可采取简单的热处理防褐变技术。

四、注意事项

剔除病虫害果实和农药、重金属等有害物质残留超标的果实，严禁以次充好，保证加工原料优良。使用护色剂应为无公害食品添加剂类，不得超标使用。

（关军锋　供稿）